FORSCHUNGSBERICHTE DES LANDES NORDRHEIN-WESTFALEN

Nr. 3130 / Fachgruppe Hüttenwesen/Werkstoffkunde

Herausgegeben vom Minister für Wissenschaft und Forschung

Prof. Dr.-Ing. Josef Broichhausen
Dr.-Ing. Mahmud Telfah

Abteilung für Werkstofftechnik
im Institut für Werkstoffkunde
der Rhein.-Westf. Techn. Hochschule Aachen

Wechselbeziehung zwischen Umformgrad, thermischer Nachbehandlung, Gefügeinhomogenität und Verhalten bei schwingender Beanspruchung des Werkstoffes TiAl6V4

Westdeutscher Verlag 1982

CIP-Kurztitelaufnahme der Deutschen Bibliothek

Broichhausen, Josef:
Wechselbeziehung zwischen Umformgrad, thermischer Nachbehandlung, Gefügeinhomogenität und Verhalten bei schwingender Beanspruchung des Werkstoffes TiAl6V4 [TiAlV] / Josef Broichhausen ; Mahmud Telfah. - Opladen : Westdeutscher Verlag, 1982.

(Forschungsberichte des Landes Nordrhein-Westfalen ; Nr. 3130 : Fachgruppe Hüttenwesen, Werkstoffkunde)

NE: Telfah, Mahmud:; Nordrhein-Westfalen: Forschungsberichte des Landes ...

Herstellung: Westdeutscher Verlag
ISBN 978-3-531-03130-9 ISBN 978-3-322-87705-5(eBook)
DOI 10.1007/978-3-322-87705-5

Inhalt

Liste der Bezeichnungen

Bezeichnung	Einheit	Bedeutung
a_o		Regressionskonstante
a		Regressionsparameter
b_o	N/mm^2	Regressionskonstante
b	N/mm^2	Regressionsparameter
c_o		Regressionskonstante
c		Regressionsparameter
i		Ordnungszahl in steigender Reihe der Schwingspielzahlen
L		Streuspanne im Zeitfestigkeitsbereich
N		Schwingspielzahl
$N_{10\%}$		Schwingspielzahl für eine Bruchwahrscheinlichkeit von 10%
$N_{90\%}$		Schwingspielzahl für eine Bruchwahrscheinlichkeit von 90%
n		Anzahl der Proben pro Laststufe
p		Bruchwahrscheinlichkeit
r		Anzahl der Brüche pro Laststufe
S	N/mm^2	Streuspanne im Übergangsbereich zur Dauerfestigkeit
σ_a	N/mm^2	Spannungsausschlag
$\sigma_{a10\%}$	N/mm^2	Spannungsausschlag für eine Bruchwahrscheinlichkeit von 10%
$\sigma_{a90\%}$	N/mm^2	Spannungsausschlag für eine Bruchwahrscheinlichkeit von 90%

1. Problemstellung und Kenntnisstand

Die insbesondere im Leichtbau häufig eingesetzte Titanlegierung TiAl6V4 ist den (α+ß)-Titanlegierungen zuzuordnen. Die Gefügeausbildung wird durch die Umformparameter und die anschließende Wärmebehandlung bestimmt und ist von diesen äußerst empfindlich abhängig. Dieses führt zu einem inhomogenen Gefüge über Querschnitt und Länge eines Bauteils. Eine weitere Schwierigkeit bei dieser Legierung besteht in der starken Abhängigkeit der bruchmechanischen Kenn- und vor allem der Schwingfestigkeitswerte von der Gefügeausbildung. Der Einfluß der Gefügeausbildung auf die im Zugversuch ermittelten Eigenschaften ist dagegen geringer.

Zusammenfassend kann der Einfluß der Gefügeausbildung auf die mechanischen und bruchmechanischen Kenn- und vor allem auf die Schwingfestigkeitswerte wie folgt beschrieben werden:

- Das durch Umformung im ß-Gebiet entstandene lamellare Gefüge weist gegenüber dem durch Umformung im (α+ß)-Gebiet entstandenen globularen Gefüge bessere Bruchzähigkeit, höhere Kriechfestigkeit und höheren Widerstand gegen Spannungskorrosion auf. Bei der industriellen Herstellung von Halbzeugen strebt man trotz der günstigen Eigenschaften des lamellaren Gefüges das globulare Gefüge an. Das globulare Gefüge ist duktiler, d.h. es hat eine höhere Bruchdehnung und -einschnürung [1 bis 11].
  Viele Autoren erklären den höheren Kriechwiderstand des lamellaren Gefüges im Temperaturbereich in der Nähe von 500°C mit einer abnehmenden Tendenz für Korngrenzengleiten infolge der gröberen Dimensionen der lamellaren Struktur gegenüber der globularen. Andere Autoren führen den Unterschied im Kriechwiderstand zwischen lamellarem und globularem Gefüge auf verschiedene Texturen zurück, die als Folge unterschiedlicher Herstellungsprozesse entstehen [11 bis 15].
- Ein feines α-Korn führt zu einer Verbesserung der im Zugversuch ermittelten Eigenschaften sowie zu einer Verbesserung des Schwingfestigkeitsverhaltens [2, 11, 16, 17, 47, 49].
- Der Einfluß der Mikrostruktur auf die Rißbildung und

-ausbreitung kann nach der vorliegenden Literatur wie folgt zusammengefaßt werden: Die Rißausbreitung in Titanlegierungen wird durch Hohlraumbildung bewirkt. Die Hohlräume bilden sich bevorzugt in der α/ß-Phasengrenze. Eine zweite Möglichkeit besteht darin, daß die Rißausbreitung durch Spaltbruch der primären α-Phase erfolgt. Die ß-Phase kann als Rißstopper wirken [1, 10, 18 bis 25, 48].

- Eine Auswertung der Literatur hinsichtlich des Mikrostruktureinflusses auf die Schwingfestigkeit ergibt keine allgemeingültige Tendenz. Während einige Autoren [8, 9, 11, 26, 27] dem im (α+ß)-Gebiet entstandenen Gefüge ein besseres Zeit- bzw. Dauerschwingfestigkeitsverhalten zuschreiben, weisen die Ergebnisse in anderen Arbeiten [6, 7, 28 bis 30] auf das Gegenteil hin.
- Die Streuung der bruchmechanischen Kenn- und vor allem der Schwingfestigkeitswerte der Titanlegierung TiAl6V4 ist groß. Nach Angaben in der Literatur beeinflußt das durch Schwankungen der Umformtemperatur (örtliches Überschreiten bzw. Unterschreiten der (α+ß)/ß-Phasengrenze) entstandene Mischgefüge die Streuung der bruchmechanischen Kenn- und vor allem der Schwingfestigkeitswerte wesentlich [10, 11, 31, 32].

Der Stand der eigenen Forschungsarbeiten ist im folgenden kurz zusammengefaßt [32 bis 37]:

Das Schwingfestigkeitsverhalten der Legierung TiAl6V4 wurde bisher in acht verschiedenen Gefügezuständen, die durch unterschiedliche Umform- und Wärmebehandlungsparameter erzielt wurden, untersucht; dabei wurden nachstehende Erkenntnisse ermittelt:

- Die Gefügeausbildung des Werkstoffes in den untersuchten Zuständen unterscheidet sich im wesentlichen in Form, Größe, Verteilung, Volumenanteil sowie im Rekristallisationsgrad der α-Phase. Das Gefüge ist weitgehend inhomogen; neben rekristallisierten Bereichen liegen Gebiete hoher Versetzungsdichte vor. Dieses läßt auf ein überwiegend erholtes und nur zu geringen Teilen rekristallisiertes Gefüge schließen.

- Der Einfluß der Umformrichtung und der thermischen Nachbehandlung auf das Verhalten im Dauer- bzw. Zeitfestigkeitsbereich hängt stark davon ab, ob die Umformung im (α+ß)- oder im ß-Gebiet erfolgt. Das Verhalten der im (α+ß)-Gebiet umgeformten Proben wird im Zeitfestigkeitsbereich weniger durch die Umformrichtung bestimmt als durch die thermische Nachbehandlung. Im Dauerfestigkeitsbereich ist das Verhalten von der Umformrichtung und der thermischen Nachbehandlung weitgehend unabhängig.
  Die im ß-Gebiet umgeformten Proben zeigen gegenüber den im (α+ß)-Gebiet umgeformten sowohl im Zeit- als auch im Dauerfestigkeitsbereich stärkere Abhängigkeit von der Umformrichtung und der thermischen Nachbehandlung. Die Umformrichtung beeinflußt das Verhalten der Proben in erster Linie im Zeitfestigkeitsbereich, wogegen die thermische Nachbehandlung das Verhalten im Dauerfestigkeitsbereich vorwiegend bestimmt. Im Übergangsbereich zur Dauerfestigkeit sind die im ß-Gebiet umgeformten und anschließend geglühten Proben (lamellares Gefüge) den im (α+ß)-Gebiet umgeformten Proben (globulares Gefüge) weitgehend unterlegen. Das Verhalten ändert sich im vergüteten Zustand. Die nach einer ß-Umformung vergüteten Proben sind den nach einer (α+ß)-Umformung vergüteten Proben gleichwertig bzw. überlegen. Dieses gilt auch für das Verhalten im Zeitfestigkeitsbereich.
  Die Kerbwirkungszahl $ß_k$ ist sowohl von der Umformrichtung als auch von der Umformtemperatur stark abhängig. Eine Umformung quer zur Probenlängsachse sowie eine Umformung im ß-Gebiet führen zu höherer Kerbempfindlichkeit.
- Die Streuung der Lebensdauer, die sowohl an Groß- als auch an Kleinproben ermittelt wurde, ist insgesamt betrachtet sehr groß. Der Einfluß der einzelnen Umform- und Wärmebehandlungsparameter ist nicht eindeutig. Die Analyse der Mikrostruktur der untersuchten Gefügezustände zeigt, daß die Streuung der Schwingfestigkeitswerte, insbesondere im Zeitfestigkeitsbereich, vom Anteil des rekristallisierten Gefüges abhängt.
  Die Mikrostruktur der Proben mit den großen Streubereichen weist neben geringen rekristallisierten Gefügeanteilen stark verformte und versetzungsreiche Bereiche auf. Das

Gefüge der Proben mit den kleineren Streuungen ist homogener. Der Anteil der rekristallisierten Gefügebereiche ist größer.

Die oben dargestellten Untersuchungsergebnisse waren der Anlaß zu einer genaueren Analyse des angedeuteten Zusammenhanges zwischen der Streuung der Schwingfestigkeitswerte und der Homogenität des Gefüges. Aus diesem Grunde wurde ein Teil der im Rahmen dieses Forschungsvorhabens durchgeführten Untersuchungen an der gleichen Werkstoffcharge durchgeführt wie die oben beschriebenen Versuche.

2. Versuchsdurchführung

Die Versuchsergebnisse, über die in dieser Arbeit berichtet wird, wurden in zwei Versuchsserien, die zu zwei verschiedenen Werkstoffchargen A und B gehören, ermittelt. Bei der Herstellung der Werkstoffchargen wurden folgende Einflußparameter variiert:

- Umformparameter
  Umformtemperatur
  Umformrichtung
  Umformgrad
- Thermische Nachbehandlung

Im einzelnen wurden folgende Untersuchungen durchgeführt:

a) Methodische Analyse der Mikrostruktur im Hinblick auf
   - Homogenität (Gefügeausbildung, Erholung und Rekristallisation)
   - Zuordnung zur Streuung der Schwingfestigkeitswerte
   - Zuordnung zum Werkstoffverhalten bei schwingender Beanspruchung
b) Durch Variation des Umformgrades bei der Fertigung des Halbzeuges und der Parameter der anschließenden Wärmebehandlung soll eine definierte Homogenität der Mikrostruktur erzielt werden. Der Einfluß dieser Mikrostruktur wurde dann im Hinblick auf
   - die Zuordnung zur Streuung der Schwingfestigkeitswerte

   und
   - das Werkstoffverhalten bei schwingender Beanspruchung

   untersucht.

c) Untersuchung des Zusammenhanges zwischen dem rekristallisierten Anteil im Gefüge und der Streuung der Schwingfestigkeitswerte.

Die Abschätzung der rekristallisierten Anteile im Gefüge erfolgte über die Auswertung von elektronenmikroskopischen Durchstrahlungsaufnahmen und über Mikrohärtemessungen. Auf diese Punkte wird unter Ziffer 3.1.2, 3.1.4 und 3.1.5 näher eingegangen.

Um eine genaue Analyse der Streubereiche von Schwingfestigkeitswerten durchführen zu können, wurden die Versuche auf Proben mit extrem kleinem Querschnitt erweitert. Das hat den Vorteil, daß mit Verringerung des Querschnittes die Empfindlichkeit der Proben gegenüber Gefügeeinflüssen und -inhomogenität zunimmt [35].

2.1 Versuchswerkstoffe

Der Werkstoff der Versuchsserie 1 lag in Form von gesenkgeschmiedeten Rohlingen vor, die, ausgehend vom Rundmaterial mit einem Durchmesser von 68 mm und einer Länge von 135 mm einmal in Hauptfließrichtung der Probenrohlinge, zum anderen quer dazu umgeformt wurden (Bild 1). Die Umformung der Probenrohlinge erfolgte sowohl im $(\alpha+\beta)$-Gebiet bei 1173 K als auch im ß-Gebiet bei 1363 K. Die Probenrohlinge wurden nach dem Gesenkschmieden einer der folgenden Wärmebehandlungen unterzogen:

- 2 h/ 973 K/Luft
- 1 h/1053 K/Luft
- 1 H/1223 K/Luft

Die Variation der Umform- und Wärmebehandlungsbedingungen in der Versuchsserie 1 führt zu sieben verschiedenen Mikrostrukturen, die in Tabelle 1 näher gekennzeichnet sind. Die chemische Zusammensetzung sowie die mechanischen Eigenschaften des Werkstoffes der Versuchsserie 1 (Charge A) zeigt Tabelle 2.

Der Werkstoff der Versuchsserie 2 (Charge B) lag in Form eines Zylinders mit einer Länge von 485 mm und einem Durchmesser von 260 mm vor. Aus diesem Zylinder wurden 3 Scheiben mit einer

Dicke von 100 mm, 132,2 mm und 200 mm entnommen, die dann im (α+ß)-Gebiet in einem Temperaturbereich von 1173 K bis 1203 K auf eine Enddicke von 40 mm freiformgeschmiedet wurden. Damit waren Querschnittsverminderungen (Umformgrade) von 60%, 70% und 80% erreicht. Die so umgeformten Scheiben erhielten die Bezeichnung I, II und III.

Nach der Umformung erfolgte eine Glühung der Scheiben über 2 Stunden bei 973 K mit anschließender Luftabkühlung. Nach der Wärmebehandlung wurden die Scheiben mit Stahlkies gesäubert und anschließend in HNO_3/HF gebeizt, um den Zunder und die unerwünschte Sauerstoff-Diffusionsschicht möglichst vollständig abzutragen. Dies gilt auch für die Probenrohlinge der Versuchsserie 1.

Eine vierte Scheibe mit einer Dicke von 12 mm wurde zum Vergleich mit den umgeformten Scheiben im Anlieferungszustand belassen.

Die chemische Zusammensetzung des angelieferten TiAl6V4-Zylinders zeigt Tabelle 3.

Tabelle 4 enthält die an den vier Scheiben ermittelten mechanischen Kennwerte. Um eine mögliche Inhomogenität der mechanischen Eigenschaften der Scheiben zu erfassen, waren die für Zug- bzw. Kerbschlagbiegeversuch notwendigen Proben, soweit möglich, gleichmäßig über den Durchmesser der Scheiben verteilt. Gegenüber dem Anlieferungszustand (Tabelle 4) weisen die Kennwerte der verformten Scheiben für die Streckgrenze, Zugfestigkeit, Bruchdehnung und -einschnürung mit Ausnahme der Kerbschlagzähigkeit höhere Werte auf.

2.2 Probenlage und -form

Die Abmessungen und Formen der für die Schwingfestigkeitsuntersuchungen verwendeten Proben gehen aus den Bildern 2 und 3 hervor. Der Probendurchmesser der Normalproben beträgt 8 ± 0,06 mm, der Probendurchmesser der Kleinproben 1,9 ± 0,01 mm. Die in Belastungsrichtung polierte Oberfläche weist eine maximale Rauhtiefe von 0,5 µm auf. Bild 4 gibt die Lage der Kleinproben im gesenkgeschmiedeten Rohling wieder.

Der Werkstoff der Versuchsserie 2 (Charge B) lag in Form von drei unterschiedlich umgeformten Titanscheiben vor. Tabelle 5 zeigt die Zuordnung von Scheibennummern zu Ausgangsdicke, Enddicke, Enddurchmesser und Umformgrad. Aus diesen Scheiben wurden sowohl Normal- als auch Kleinproben gefertigt. Die Probenentnahme erfolgte in radialer Richtung, d.h. in Hauptfließrichtung der Scheiben.

2.3 Metallkundliche Untersuchungen

Die im Rahmen dieser Arbeit durchgeführten lichtmikroskopischen und elektronenmikroskopischen Gefügeuntersuchungen sowie die Härtemessungen haben die Zielsetzung, das Gefüge der untersuchten TiAl6V4-Chargen im Hinblick auf Korngröße, -form, -verteilung und Volumenanteil der α-Phase sowie in Bezug auf den rekristallisierten Gefügeanteil zu analysieren.

Der durch Umformung hergestellte Probenrohling (Charge A), der nach der Umformung eine Querschnittsabnahme von 53% im größten und von 78% im kleinsten Querschnitt aufweist, wurde nach der Glühbehandlung nach Bild 1 in vier gleiche Teile zersägt; Bild 5 zeigt den Makroschliff eines Probenrohlings im Maßstab 1 : 1 sowie die Lage der Schliffproben.

Die metallkundlichen Untersuchungen am Werkstoff der Versuchsserie 2 (Charge B) wurden so durchgeführt, daß von jeder der drei unterschiedlich umgeformten Scheiben I, II und III (Tabelle 5) und von der vierten im Anlieferungszustand belassenen Scheibe ein Scheibensegment mit einer Dicke von 12 mm entnommen wurde. Die für diese Untersuchungen notwendigen Schliffproben waren soweit wie möglich statistisch über die Segmentlänge verteilt, um hierdurch eine repräsentative Beurteilung der Gefügeausbildung über den Scheibendurchmesser zu ermöglichen.

2.4 Schwingfestigkeitsversuche und Auswertung

Die Schwingversuche wurden als Einstufenversuch nach DIN 50100 bis zur Grenzschwingspielzahl von $2 \cdot 10^7$ durchgeführt und die Ergebnisse in Wöhler-Diagrammen dargestellt. Ermittelt wurde die Zug-Druck-Wechselfestigkeit.

Die unter genau definierten Prüfbedingungen ermittelten Schwingfestigkeitswerte weisen große Streuungen auf. Die Ermittlung einer gesicherten Aussage über die Schwingfestigkeit setzt demnach voraus, daß diese durch eine genügend große Probenzahl belegt ist und damit eine ausreichende Zuverlässigkeit gewährleistet ist. Eine zweite Voraussetzung ist, daß die Schwingversuche nach statistischen Gesichtspunkten geplant und ausgewertet werden müssen.

Der Streubereich der Schwingfestigkeitswerte ist durch die Kurven für 0 und 100% Bruchwahrscheinlichkeit begrenzt. Die genaue Ermittlung dieses Streubereiches setzt theoretisch die Untersuchung unendlich vieler Proben voraus. Da aber dieses technisch nicht realisierbar ist, muß man sich mit Stichproben, d.h. mit einer begrenzten Probenzahl und damit mit begrenzter Genauigkeit begnügen. Der Streubereich wird dann durch Schätzfunktionen begrenzt. In Bild 6 ist der Zusammenhang zwischen dem Spannungsausschlag σ_a und dem Logarithmus der Schwingspielzahlen N wiedergegeben, der an Kleinproben mit dem Gefügezustand 1 ermittelt wurde.

Im Zeitfestigkeitsbereich, in dem die Beanspruchungen so hoch sind, daß alle Proben vor Erreichen der Grenzschwingspielzahl zu Bruch gehen, besteht in jeder Laststufe eine kontinuierliche Wahrscheinlichkeitsverteilung der Bruchschwingspielzahlen gleichartiger Versuche, deren Form und Parameter unbekannt sind. Im Übergangsgebiet zur Dauerfestigkeit besteht ein Zusammenhang zwischen Bruchwahrscheinlichkeit und Beanspruchungsgröße. Die Bruchwahrscheinlichkeitsverteilung, deren Form und Parameter unbekannt sind, ist diskontinuierlich, wenn man nach Ablauf der gewählten Grenzschwingspielzahl die nicht gebrochenen Proben als Durchläufer den gebrochenen gegenüberstellt. Eine Trennung zwischen Zeitfestigkeits- und Übergangsbereich zur Dauerfestigkeit sowie eine getrennte Auswertung beider Gebiete wird somit erforderlich.

Als Schätzwerte für die Bruchwahrscheinlichkeit kann im Zeitfestigkeitsbereich bzw. im Übergangsbereich zur Dauerfestigkeit das Verhältnis aus $\frac{i}{n}$ bzw. $\frac{r}{n}$ oder eine aus i und n bzw. r und n abgeleitete Größe, wie z.B. $\frac{i}{n+1}$ bzw. $\frac{r}{n+1}$ betrachtet werden.

Im Zeitfestigkeitsbereich ist i die Ordnungszahl der nach steigender Reihenfolge geordneten Bruchschwingspielzahlen,und im Übergangsbereich zur Dauerfestigkeit ist r die Zahl der bei n Versuchen in einer Stufe konstanter Beanspruchung gebrochenen Proben.

In der Literatur werden mehrere mathematische Beschreibungen der Verteilung der Brüche im Zeitfestigkeitsbereich bzw. der Brüche und Durchläufer im Übergangsbereich zur Dauerfestigkeit angegeben [38 bis 46]. Das arcsin-Verfahren in der Modifikation von Freeman und Tucky [42] erwies sich als gut geeignet zur Beschreibung der Verteilung der Bruchwahrscheinlichkeit in beiden Bereichen [35, 43, 44].

Mit Hilfe der Transformation

$$P = \arcsin\sqrt{\frac{i}{n+1}} + \arcsin\sqrt{\frac{i+1}{n+1}} \qquad (1)$$

bzw.

$$P = \arcsin\sqrt{\frac{r}{n+1}} + \arcsin\sqrt{\frac{r+1}{n+1}} \qquad (2)$$

werden die Ergebnisse im Zeitfestigkeitsbereich bzw. im Übergangsbereich zur Dauerfestigkeit durch eine beiderseits geschlossene Funktion beschrieben, die eine Extrapolation auf Bruchwahrscheinlichkeiten von 0 und 100% ermöglicht.

Im Zeitfestigkeitsbereich werden die bei konstantem Spannungsanschlag ermittelten Ergebnisse nach Gl. 1 transformiert. Zwischen der transformierten Bruchwahrscheinlichkeit und dem Logarithmus der Schwingspielzahlen wird nach Gl. (3) ein linearer

$$P = c_0 + c \lg N \qquad (3)$$

Zusammenhang angenommen. Diese Gleichung erlaubt die Bestimmung von N_x als Schätzwert zu vorgegebenen P_x, wenn c_o und c mittels Regressionsrechnung aus den Versuchsergebnissen ermittelt werden. Darin ist x die Bruchwahrscheinlichkeit allgemein.

Die Bestimmungsgleichung für die Parameter c_o und c ergeben sich nach den Regeln der Regressionsgleichung zu

$$c = \frac{\sum P \lg N - \frac{\sum P \sum \lg N}{n}}{\sum (\lg N)^2 - \frac{1}{n}(\sum \lg N)^2} \tag{4}$$

und

$$c_0 = \frac{\sum P - c \sum \lg N}{n} \tag{5}$$

Die Darstellung der Versuchsergebnisse in einem Diagramm mit der Belastung σ_a aufgetragen über der Schwingspielzahl N für eine konstante Bruchwahrscheinlichkeit P erfolgt über

$$\sigma_a = a_0 + a \lg N_x \tag{6}$$

mit den durch Regressionsrechnung bestimmten Konstanten a_o und a.

Werden im Übergangsgebiet zur Dauerfestigkeit auf verschiedenen Spannungshorizonten wiederholt jeweils n Schwingversuche durchgeführt, nimmt mit abnehmender Höhe des Spannungsausschlages der Anteil n-r der Durchläufer zu und der der Brüche r ab. Aus dem Verhältnis von Brüchen zu Durchläufern wird nach Gl. (2) ein dem Spannungsausschlag zugeordneter Schätzwert der Bruchwahrscheinlichkeit berechnet. Zwischen dem Spannungsausschlag und der Bruchwahrscheinlichkeit wird nach Gl. (7) ein

$$\sigma_a = b_0 + b P \tag{7}$$

linearer Zusammenhang angenommen, der die Bestimmung von σ_{ax}-Werten zu vorgegebenen P_x erlaubt, wenn b_o und b bekannt sind. Darin ist x die Bruchwahrscheinlichkeit allgemein.

Als Maß für die Streuung wird im Zeitfestigkeitsbereich die Streuspanne $L = N_{90\%}/N_{10\%}$ definiert. $N_{90\%}$ und $N_{10\%}$ sind Schwingspielzahlen für die Bruchwahrscheinlichkeiten 90% und 10%. Im Übergangsbereich zur Dauerfestigkeit ist als Maß für die Streuung die Streuspanne durch $S = \sigma_{a90\%} - \sigma_{a10\%}$ definiert. $\sigma_{a10\%}$ und $\sigma_{a90\%}$ sind die Spannungsausschläge für die Bruchwahrscheinlichkeiten 10% und 90%.

3. Versuchsergebnisse

3.1 Ergebnisse der metallkundlichen Untersuchungen

Die untersuchte Titanlegierung TiAl6V4 ist eine (α+ß)-Legierung; bei Raumtemperatur besteht das Gefüge überwiegend aus α-Mischkristallen. Bei der Charakterisierung des Gefüges ist daher die α-Phase, d.h. ihre Form, ihre Größe, ihre Verteilung, ihr Volumenanteil und ihr Rekristallisationsgrad als maßgebliche Größe in erster Linie in Betracht zu ziehen.

Untersuchungen von [50] an dieser Titanlegierung zeigten, daß vor Beginn der Rekristallisation je nach Umformung zwischen 10% und 80% im Temperaturbereich zwischen 833 K und 963 K, das Rekristallisationsende zwischen 943 K und 1073 K liegt. Die Härte der untersuchten 1 mm dicken Bleche lag je nach Umformung zwischen 340 HV und 362 HV. Nach einer Rekristallisationsglühung bei einer Glühtemperatur von 973 K nahm die Härte auf Werte zwischen 335 HV und 318 HV, bei einer Glühtemperatur von 1073 K auf ca. 320 HV und bei einer Glühtemperatur von 1173 K auf ca. 310 HV ab.

Nach diesen Untersuchungen dürfte die Rekristallisation der im Rahmen dieser Arbeit untersuchten Gefügezustände dieser Legierung vollständig erfolgt sein.

3.1.1 Lichtmikroskopische Gefügeuntersuchungen am Werkstoff der Versuchsserie 1

Der Werkstoff der Versuchsserie 1 lag in Form von Probenrohlingen vor, deren Gefüge sich je nach Umform- und Wärmebehandlungsparameter im Anlieferungszustand in Form, Größe, Verteilung sowie Rekristallisationsgrad unterscheidet.

Im Anlieferungszustand weisen die im (α+ß)-Gebiet umgeformten Probenrohlinge (Gefügezustand 1 und 3) eine überwiegend globulare und die im ß-Gebiet umgeformten Probenrohlinge (Gefügezustand 5 und 6) eine überwiegend lamellare Form der primären α-Phase auf (<u>Bild 7 und 8</u>). Die Gefügezustände 1 und 3 weisen untereinander geringe Unterschiede der lichtmikroskopisch gemessenen Volumenanteile der α-Phase auf; sie liegen zwischen 60% und 67%. Ausgeprägter ist der Unterschied in der Korngröße der α-Phase mit 8 µm und 12 µm. Der ermittelte Volumenanteil der α-Phase ist jedoch niedriger als der tatsächlich vorhandene, da die sehr feinen Anteile der α-Phase nicht ausgewertet und daher in der Ermittlung des Volumentanteils nicht berücksichtigt werden können.

Die lamellar ausgebildete α-Phase der Gefügezustände 5 und 6 ist gruppenweise angeordnet und ungleichmäßig über Querschnitt und Länge der Probenrohlinge verteilt. Die Lamellen sind mit 3,2 µm und 1,9 µm unterschiedlich breit.

Das Mischgefüge, das auf Schwankungen der Umformtemperatur hindeutet, beeinflußt neben dem rekristallisierten Anteil im Gefüge die Streuung der Schwingspielzahl sehr.

3.1.2 Elektronenmikroskopische Gefügeuntersuchungen am Werkstoff der Versuchsserie 1

Die Gefügedurchstrahlung der Probenrohlinge der Versuchsserie 1 erfolgt nach Bild 5 sowohl im größten als auch im kleinsten Querschnitt. Die Ergebnisse dieser Untersuchungen führen für die einzelnen Gefügezustände zu folgenden Erkenntnissen:

Gefügezustand 1

- Das Gefüge ist als teilrekristallisiertes Gefüge zu charakterisieren, wobei der Anteil des rekristallisierten Gefüges im größten (Bild 9) und im kleinsten Querschnitt der Probenrohlinge (Bild 10) unterschiedlich ist. Dieser Unterschied ist aufgrund der verschiedenen Umformgrade zwischen den beiden Querschnitten zu erklären. Die nach der Umformung durchgeführte Glühbehandlung von 2 h bei 973 K reicht demnach nicht aus, um das Gefüge über den gesamten Querschnitt der Probenrohlinge gleichmäßig und vollständig zu rekristallisieren. Der aus den elektronenmikroskopischen Bildern ermittelte Flächenanteil der rekristallisierten und versetzungsarmen Gefügebereiche beträgt ca. 52% im größten und ca. 32% im kleinsten Querschnitt der Probenrohlinge.
- Neben rekristallisierten α-Körnern globulitischer und lamellarer Form liegen große verformte Bereiche mit unterschiedlichen Versetzungsdichten und -strukturen vor.

Gefügezustand 3

- Das Gefüge ist teilrekristallisiert (Bild 11, 12).
- Die nach der Umformung durchgeführte Glühbehandlung von 2 h bei 973 K bewirkt bei diesem Gefügezustand eine über den Querschnitt der Probenrohlinge weitgehend gleichmäßige Homogenisierung des Gefüges. Der aus den elektronenmikroskopischen Aufnahmen ermittelte Flächenanteil des rekristallisierten Gefüges beträgt im größten Querschnitt der Probenrohlinge ca. 46% und im kleinsten Querschnitt ca. 42%.
- Das Gefüge läßt sich in globular-lamellare Mischbereiche mit überwiegend globularen Anteilen unterteilen. Außerdem liegt in einigen Bereichen unstetige Kornvergröberung vor.

Insgesamt betrachtet ist das Gefüge gleichmäßiger und besser rekristallisiert als das Gefüge des Gefügezustandes 1.

Gefügezustand 5

Die Probenrohlinge dieses Gefügezustandes wurden im Gegensatz zu den Probenrohlingen der Gefügezustände 1 und 3 im ß-Gebiet umgeformt und anschließend 1 h bei 1223 K geglüht. Diese Glühbehandlung führte zu einer weitgehenden Homogenisierung des Gefüges über Querschnitt und Länge der Probenrohlinge (Bild 13, 14). Nach den vorliegenden Ergebnissen der Gefügedurchstrahlung läßt sich die Gefügeausbildung wie folgt beschreiben:

- Das Gefüge ist lamellar ausgebildet mit globularen Anteilen
- Die rekristallisierten Bereiche sind meist versetzungsarm. Zwischen den α-Lamellen sind ß-Säume eingeordnet.
- Der aus den Durchstrahlungsbildern ermittelte Anteil des rekristallisierten Gefüges beträgt im größten Querschnitt der Probenrohlinge ca. 64% und im kleinsten Querschnitt ca. 56%.

Gefügezustand 6

Die Probenrohlinge mit diesem Gefügezustand wurden wie die Probenrohlinge mit dem Gefügezustand 5 im ß-Gebiet umgeformt und anschließend 2 h bei 973 K geglüht. Die elektronenmikroskopische

Durchstrahlung des Gefüges (Bild 15 und 16) zeigt, daß die hohe Versetzungsdichte des überwiegend lamellaren Gefüges eher auf ein Erholungsgefüge als auf ein Rekristallisationsgefüge schließen läßt. Der rekristallisierte Gefügeanteil ist sehr gering und liegt schätzungsweise bei ca. 5% bis 10%.

3.1.3 Lichtmikroskopische Gefügeuntersuchungen am Werkstoff der Versuchsserie 2

Die Größe der untersuchten TiAl6V4-Scheiben erforderte, um eine repräsentative Aussage über die Gefügeausbildung machen zu können, daß die Untersuchungen an mehreren Stellen entlang des Scheibensegments durchgeführt werden mußten. Daher werden aus Scheibe I zwei und aus den Scheiben II und III jeweils drei Schliffe herausgearbeitet und in Hauptfließrichtung bzw. quer dazu untersucht. Die im Ausgangszustand belassene Scheibe wurde an vier Stellen untersucht.

Das Gefüge des angelieferten TiAl6V4-Zylinders (Bild 17) ist als globular-lamellar mit überwiegend globularen Anteilen und mit Bereichen sehr groben Gefüges zu bezeichnen. Die Bilder 18 bis 20 zeigen das Gefüge nach dem Freiformschmieden und nach einer Glühbehandlung von 2h bei 973 K. Die verschieden umgeformten Scheiben weisen sowohl in Hauptfließrichtung als auch quer dazu globular-lamellares Gefüge mit teilweise sehr grober Gefügeausbildung auf. Diese Feststellung gab den Anlaß dazu, eine noch eingehendere Gefügeanalyse hinsichtlich Korngröße, -verteilung, -form sowie des globular-lamellaren Gefügeverhältnisses durchzuführen. Diese Gefügeanalyse wurde mit Hilfe eines Bildanalysegerätes durchgeführt. Erfaßt wurden die maximale Kornabmessung, die Kornfläche und der Formfaktor der Körner. In den Bildern 21 bis 24 sind die Verteilung der maximalen Kornabmessung und der Kornfläche, die an längs bzw. quer zur Hauptfließrichtung der Scheiben entnommenen Schliffen ermittelt wurden, gezeigt. Wie die Bilder erkennen lassen, ist die Streuung der Meßwerte groß. Im Anlieferungszustand liegt die α-Korngröße zwischen 3 µm und 100 µm und die α-Kornfläche zwischen 3 µm² und 2150 µm². Nach dem Freiformgesenkschmieden und nach der Wärmebehandlung der unterschiedlich umgeformten Scheiben zeigt das Gefüge eine ausgeprägte Streckung in Hauptfließrichtung der Scheiben. Je nach Umformgrad der Scheiben steigt die α-Korngröße bis auf 150 µm und die Kornfläche bis auf 2830 µm² an; quer zur Hauptfließrichtung der Scheiben weisen die α-Körner eine Größe bis 120 µm und eine Fläche bis 1550 µm² auf. Eine Klassifizierung der Korngröße in fein, mittel und grob zeigt Tabelle 6. Danach sind 15% bis 21% der α-Körner mit einer Korngröße bis 100 µm² als fein, 60 bis 70% mit einer Korngröße von 100 µm² bis 400 µm² als mittel und 15% bis 18% mit einer Korngröße größer als 400 µm² als grob zu bezeichnen. Der in der Tabelle angegebene zweite Wert gibt die Korngröße quer zur Hauptfließrichtung wieder.

Das Gefüge der Scheiben ist, wie schon erwähnt, sowohl im Anlieferungszustand als auch nach der Umformung und Wärmebehandlung als globular mit lamellaren Anteilen zu charakterisieren. Bild 25 gibt eine typische Verteilung des Formfaktors wieder. Der Formfaktor 1 bedeutet, daß die Körner kreisförmig sind, und ein Formfaktor unter 0,64 bedeutet, daß lamellares Gefüge vorliegt. Die in Bild 25 dargestellte Formfaktorverteilung ist für das untersuchte Gefüge der TiAl6V4-Scheiben typisch. Der mit Hilfe der Formfaktorverteilung ermittelte lamellare Gefügeanteil beträgt ca. 25% des Gefüges im Anlieferungszustand, ca. 28% des Gefüges der Scheibe I, ca. 26% des Gefüges der Scheibe II und ca. 20% des Gefüges der Scheibe III.

Bild 26 zeigt den Zusammenhang zwischen der mittleren Korngröße in Hauptfließrichtung bzw. quer dazu und dem Umformgrad. Demnach ist nur eine geringfügige Änderung der Korngröße mit zunehmendem Umformgrad festzustellen, und zwar quer zur Hauptfließrichtung. Die Feststellung, daß keine Kornverfeinerung mit Zunahme des Umformgrades aufgetreten ist, ist auf die großen Abmessungen der umgeformten Scheiben (s. Tabelle 5) zurückzuführen.

3.1.4 Elektronenmikroskopische Gefügeuntersuchung am Werkstoff der Versuchsserie 2

Die Bilder 27 bis 29 zeigen typische Aufnahmen des durchstrahlten Gefüges der Scheiben I, II und III. Das Gefüge läßt sich wie folgt charakterisieren:

- Das Gefüge der TiAl6V4-Scheiben ist überwiegend globular ausgebildet mit lamellaren Anteilen.

- Die rekristallisierten α-Körner sind meist versetzungsarm.
- Der aus den elektronenmikroskopischen Aufnahmen ermittelte Flächenanteil der rekristallisierten und versetzungsarmen Bereiche im Gefüge der unterschiedlich umgeformten TiAl6V4-Scheiben I, II und III beträgt ca. 50%, ca. 45% und ca. 41%.

3.1.5 Härtemessungen

Bei der plastischen Verformung eines Werkstoffes ändern sich eine Reihe seiner Eigenschaften, wie z.B. die Härte. Beim Anlassen auf höhere Temperaturen nehmen sie allmählich wieder ihren ursprünglichen Wert an. Dies ist auf Veränderung der Versetzungsstruktur und des Gefüges zurückzuführen (Erholungs- und Rekristallisationsvorgänge).

Der Einfluß des inhomogenen Gefüges auf die Härte und insbesondere auf die Mikrohärte ist sehr groß und führt zu unterschiedlichen Härten, die den unterschiedlich erholten und rekristallisierten Bereichen zugeordnet werden können. Um die Größe dieser Bereiche abzuschätzen, wurden an Schliffproben mit einer Größe von 100 mm^2 Mikrohärtemessungen durchgeführt, deren Lage im Probenrohling Bild 5 zeigt. Um eine statistische Erfassung der Härtewerte über die gesamte Fläche und damit über das Volumen angenähert zu erhalten, wurden pro Schliffprobe ca. 300 bis 400 Härteeindrücke gesetzt, die in Abständen von 75 µm auf einer Anzahl von Geraden liegen.

Die Bilder 30 bis 33 zeigen die Ergebnisse dieser Mikrohärtemessungen an Schliffproben, aus den Probenrohlingen mit den Gefügezuständen 1, 3, 5 und 6. Die absolute Häufigkeit der Härtewerte ist in Form von Säulendiagrammen über die mittlere Länge der Eindruckdiagonalen aufgetragen. Außerdem sind kontinuierliche Verteilungskurven so gelegt worden, daß die Fläche unterhalb der Kurven und in den Balken in jedem Intervall gleich bleibt.

Die ermittelten Härten streuen sehr stark. Die Streubreiten liegen je nach Gefügezustand zwischen 60 HV 0,05 und 120 HV 0,05. Wie die gestrichelt gezeichneten Kurven zeigen, lassen sich die gemessenen Härten in Härtegruppen mit jeweils einem Maximum unterteilen. Diese Bereiche sind, wie die elektronenmikroskopische Durchstrahlung des Gefüges zeigte, als eine Folge des inhomogenen und unterschiedlich rekristallisierten Gefüges anzusehen. Die Überprüfung mit Hilfe des t-Testes, ob die Unterschiede zwischen den Härtegruppen innerhalb der Fehlergrenzen rein zufällig sind oder auf Gefügeeinflüsse zurückzuführen sind, ergab für ein Signifikanzniveau von 99,9%, daß die Unterschiede zwischen den Mittelwerten dieser Härtegruppen nicht zufällig sind.

Die Bilder 30 bis 33 zeigen, daß jedes Diagramm drei oder vier getrennte Härtegruppen aufweist, zwischen denen eine schwächer besetzte Lücke besteht. Allgemein ist bekannt, daß rekristallisiertes Gefüge eine niedrigere Härte aufweist als verformtes bzw. erholtes Gefüge. Demnach sind die Härtegruppen, die rechts in den Diagrammen liegen und die niedrigsten Härtewerte besitzen, dem rekristallisierten Gefügeanteil zuzuordnen. Die anderen Härtegruppen mit den höheren Härten sind auf den Einfluß der noch verformten bzw. erholten Gefügebereiche zurückzuführen. Für die weiteren Betrachtungen sind die Flächen unter der jeweiligen Härtegruppenverteilung als Maß für den Anteil dieses Gefügezustandes angenommen. Die unter dieser Annahme ermittelten Werte für den rekristallisierten Gefügeanteil betragen im größten bzw. im kleinsten Querschnitt der Probenrohlinge mit dem Gefügezustand 1 34% bzw. 17%, der Probenrohlinge mit dem Gefügezustand 3 60% bzw. 38%, der Probenrohlinge mit dem Gefügezustand 5 60% bzw. 68% und der Probenrohlinge mit dem Gefügezustand 6 10% bzw. 4%. Die Werte für den rekristallisierten Anteil im Gefüge der Scheiben I, II und III, deren Härteverteilung die Bilder 34 bis 36 zeigen, betragen 55%, 48% und 48%.

Tabelle 7 enthält die Werte für den rekristallisierten Anteil im Gefüge, die als Mittelwerte aus den Ergebnissen der Härtemessungen und der Auswertung von elektronenmikroskopischen Aufnahmen gebildet wurden.

Nach den in Tabelle 7 aufgeführten Werten hängt die Größe des rekristallisierten Anteils von den Umform- und Wärmebehandlungsparametern ab. Die Probenrohlinge mit den Gefügezuständen

1 und 3 wurden nach dem Gesenkschmieden 2 h bei 973 K geglüht und anschließend an Luft abgekühlt. Diese Glühbehandlung scheint bei den Probenrohlingen mit dem Gefügezustand 1 eine ausreichende Homogenisierung des Gefüges über den Querschnitt der Probenrohlinge nicht zu bewirken. Die Unterschiede in der Größe des rekristallisierten Anteils zwischen dem größten und dem kleinsten Querschnitt der Probenrohlinge sind groß (Tabelle 7). Danach beträgt der rekristallisierte Anteil 43% im größten Querschnitt der Probenrohlinge und 24,5% im kleinsten Querschnitt, wo ein höherer Umformgrad vorliegt (Bild 5). Dieser Unterschied ist wesentlich geringer, wenn man die Probenrohlinge mit dem Gefügezustand 3 betrachtet. Der rekristallisierte Anteil beträgt 53% im größten Querschnitt gegenüber 40% im kleinsten Querschnitt der Probenrohlinge. Nach diesem Ergebnis ist eine Abhängigkeit des rekristallisierten Anteils von der der Umformrichtung der Probenrohlinge festzustellen. Die Probenrohlinge mit dem Gefügezustand 3 wurden im Gegensatz zu den Probenrohlingen mit dem Gefügezustand 1 quer zur Hauptfließrichtung umgeformt.

Die Probenrohlinge mit dem Gefügezustand 5 wurden im Gegensatz zu denen mit den Gefügezuständen 1 und 3 bei einer, wie Tabelle 1 zeigt, höheren Temperatur geglüht. Durch diese Glühbehandlung konnte eine wesentlich bessere Homogenisierung nicht nur über Querschnitt und Länge der Probenrohlinge, sondern auch im Vergleich zu den Probenrohlingen mit den anderen Gefügezuständen erreicht werden. Der Unterschied im rekristallisierten Anteil ist mit 62% im größten und 61,5% im kleinsten Querschnitt der Probenrohlinge gering.

Die Gefügedurchstrahlung der Probenrohlinge mit dem Gefügezustand 6 zeigt, daß dieses Gefüge eher als Erholungs- und nicht als Rekristallisationsgefüge zu charakterisieren ist. Der Einfluß dieses Gefüges, das sich durch unterschiedlich erholte Gefügebereiche verschiedener Versetzungsdichten kennzeichnet, auf die Härteverteilung (Bild 33) ist charakterisiert durch fünf Härtegruppen. Der Anteil des rekristallisierten Gefüges ist sehr gering und liegt bei ca. 7,5% im größten und bei 4,5% im kleinsten Querschnitt der Probenrohlinge. Dieses bedeutet, daß die nach der Umformung im ß-Gebiet erfolgte Glühbehandlung von 2 h bei 973 K keine Homogenisierung über Querschnitt und Länge der Probenrohlinge bewirken konnte.

Die in Tabelle 7 aufgeführten Werte für den rekristallisierten Anteil der TiAl6V4-Scheiben I, II und III zeigen, daß bei gleicher Glühbehandlung der Scheiben der rekristallisierte Gefügeanteil mit zunehmender Umformung der Scheiben von 52,5% auf 44,5% abnimmt. Diese Änderung ist auch in den Bildern 34 bis 36, die die Härteverteilung der drei Scheiben in Abhängigkeit von der Umformung wiedergeben, gut zu beobachten.

Der Werkstoff der Versuchsserie 1 weist im Anlieferungszustand nach den vorliegenden Ergebnissen große Unterschiede in Form, Größe, Verteilung, Volumenanteil und insbesondere im Anteil des rekristallisierten und versetzungsarmen α-Gefüges auf. Die Größe des rekristallisierten Anteils hängt von der Umformrichtung, der Umformtemperatur und in verstärktem Maße von der Glühbehandlung ab. Der rekristallisierte Anteil im Gefüge der Probenrohlinge mit dem Gefügezustand 3 ist erheblich größer als im Gefüge der Probenrohlinge mit dem Gefügezustand 1. Dieser Unterschied ist, wenn man die Herstellungslegende beider Gefügezustände in Tabelle 1 vergleicht, auf die Umformungsrichtung zurückzuführen. Die Probenrohlinge des Gefügezustandes 3 wurden im Gegensatz zu Probenrohlingen des Gefügezustandes 1 quer zur Hauptfließrichtung umgeformt. Bild 37 zeigt die Makrostrukturaufnahme zweier Gesenkschmiedestücke im Querschnitt, die für die Gesenkschmiedestücke im Anlieferungszustand typisch sind. Bei allen Probenrohlingen, deren Fließrichtung beim Schmieden in der Probenlängsachse liegt (Gefügezustand 1), wurde eine durch die Makroätzung sichtbare Zone beobachtet, die auf inhomogene Umformung im engsten Querschnitt hindeutet. Bei den Probenrohlingen, deren Umformung quer zur Probenrohlingsachse lag (Gefügezustand 3, Bild 37b), wurde diese Zone nicht beobachtet. Der Faserverlauf ist über den gesamten Querschnitt der Probenrohlinge parallel und gleichmäßig verteilt.

Die Probenrohlinge mit dem Gefügezustand 3 bzw. 6 wurden bei unterschiedlichen Temperaturen umgeformt, nämlich im (α+β)-Gebiet bei 1173 K bzw. im β-Gebiet bei 1363 K. Die anderen Herstellungsparameter sind, wie Tabelle 1 zeigt, gleich. Der Werkstoff mit dem Gefügezustand 3 ist insgesamt betrachtet gut rekristallisiert, im Gegensatz dazu ist die Gefügeausbildung des Werkstoffes mit dem Gefügezustand 6 eher als Erholungs- und nicht als Rekristallisationsgefüge zu bezeichnen. Die Versetzungsdichte ist hoch, und der rekristallisierte Gefügeanteil ist mit ca. 6% sehr gering. Wie zu erwarten ist, weist der Werkstoff mit dem Gefügezustand 5 wegen der hohen Glühtemperatur den größten rekristallisierten Anteil auf; das Gefüge ist gut rekristallisiert und versetzungsarm.

Der Einfluß des Gefügezustandes auf die Härte ist groß, außerdem weisen die gemessenen Härten als Folge dei inhomogenen Gefügebereiche große Spannungen auf, die je nach Gefügezustand zwischen 60 HV 0,05 und 120 HV 0,05 variieren. Die Härteverteilungen lassen sich in Gruppen unterteilen, die den unterschiedlich homogenen Gefügebereichen entsprechen.

3.2 Ergebnisse der Schwingfestigkeitsversuche

Das Schwingfestigkeitsverhalten der zwei untersuchten TiAl6V4-Chargen wurde sowohl an Normalproben mit einem Durchmesser von 8 mm in der Prüfstrecke als auch an Kleinproben mit einem Durchmesser von 1,9 mm in der Prüfstrecke ermittelt. Die Versuche wurden im Einstufenversuch bis zu einer Grenzschwingspielzahl von $2 \cdot 10^7$ durchgeführt.

3.2.1 Schwingfestigkeitsverhalten des Werkstoffes der Versuchsserie 1

Die Bilder 38 bis 48 zeigen die Wöhler-Diagramme, die am Werkstoff der Versuchsserie 1 ermittelt wurden. Je nach Gefügezustand ergibt sich ein unterschiedliches Festigkeitsverhalten und ein unterschiedliches Verhalten der Streuungen der Schwingspielzahlen sowohl im Zeitfestigkeits- als auch im Übergangsbereich zur Dauerfestigkeit. Nach den vorliegenden Ergebnissen können sich die ermittelten Schwingspielzahlen beim gleichen Spannungsausschlag um den Faktor 200 unterscheiden (Bild 47, Spannungsausschlag $\sigma_a = \pm 400$ N/mm²). Der Übergang vom Zeit- zum Dauerfestigkeitsbereich erfolgt in einem Streubereich, in dem Brüche und Durchläufer auftreten. Die Breite dieses Bereiches kann bis zu 50% der Dauerfestigkeit betragen (Bild 42).

Die Streuung der Schwingspielzahlen hängt nach den Ergebnissen bereits vorliegender Untersuchungen [34, 35] stark vom Gefügezustand ab. Der Gefügezustand ist seinerseits von den Umform- und Wärmebehandlungsbedingungen abhängig.

Um die Streuung der Lebensdauer genau definieren und ermitteln zu können, wurden mit Hilfe mathematisch-statistischer Berechnungsverfahren die Streubreiten (Bereiche der Bruchwahrscheinlichkeiten) erfaßt. Diese Abschätzung erfolgte, wie unter Punkt 2.5 beschrieben ist, mit Hilfe der arcsin $\sqrt{P}$-Transformation von Freeman und Tucky [42].

Die Bilder 38 bis 41 zeigen die Ergebnisse der Zug-Druck-Wechselversuche an Normalproben der Versuchsserie 1. Ausgehend von der Anzahl der zur Verfügung stehenden Normalproben, die zwischen 35 und 50 lag, wurden diese auf 7 bis 8 Laststufen mit jeweils 5 bis 7 Proben verteilt.

Das Festigkeitsverhalten und die Streuung der Lebensdauer der Proben hängt stark vom Gefügezustand ab. Je nach Gefügezustand wurden folgende Werte für die Zug-Druck-Wechselfestigkeit ermittelt: Gefügezustand 1 σ_{zdW} = 418 N/mm², Gefügezustand 3 σ_{zdW} = 426 N/mm², Gefügezustand 5 σ_{zdW} = 305 N/mm² und Gefügezustand 6 σ_{zdW} = 352 N/mm². Demnach weisen die im $(\alpha+\beta)$-Gebiet umgeformten Proben wesentlich höhere Zug-Druck-Wechselfestigkeiten als die im β-Gebiet umgeformten Proben auf. Die Streuung der Lebensdauer im Übergangsbereich von der Zeit- zur Dauerfestigkeit, die als die Differenz zwischen dem Spannungsausschlag für eine Bruchwahrscheinlichkeit von 90% und dem Spannungsauschlag für eine Bruchwahrscheinlichkeit von 10% definiert wurde, beläuft sich in der oben genannten Reihenfolge auf 106 N/mm², 100 N/mm², 50 N/mm² und 100 N/mm². Bezogen auf ihre Zug-Druck-Wechselfestigkeit beträgt die Breite des Überganges von Zeit- zur Dauerfestigkeit, d.h. des Bereiches, in dem neben Brüchen Durchläufer auftreten, 25%, 23%, 16% und 28%. Die Streuung der Lebensdauer im Zeitfestigkeitsbereich ist wie die Streuung im Übergangsbereich zur Dauerfestigkeit vom Gefügezustand der Proben abhängig. Die größte Streuung der Lebensdauer im Zeitfestigkeitsbereich zeigen die Proben mit den Gefügezuständen 1 und 6. Da aber die Anzahl der zur Verfügung stehenden Proben nicht ausreichte, um das Zeitfestigkeitsverhalten genau zu beschreiben, wurden die Versuche auf Proben mit kleinem Querschnitt erweitert. Die Ergebnisse dieser Versuche sind in den Bildern 43 bis 49 wiedergegeben. Diese zeigen, daß mit kleiner werdendem Querschnitt der Proben ihre Empfindlichkeit gegenüber Gefügeeinflüssen und -inhomogenität zunimmt [35].

Bei der Herstellung der Probenrohlinge der Versuchsserie 1 wurden die Umform- und Wärmebehandlungsparameter variiert. Die Gefügezustände 1, 2, 5 und 6 wurden im Anlieferungszustand untersucht. Ein Teil der angelieferten Probenrohlinge der Gefügezustände 1, 3 und 6 wurde nachträglich bei einer höheren Temperatur als im Anlieferungszustand geglüht. Diese, durch Erhöhung der Glühtemperatur neu gebildeten Gefügezustände, wurden mit den Zahlen 2, 4 und 7 gekennzeichnet. In Tabelle 1 sind die Umform- und Wärmebehandlungsbedingungen aller untersuchten Gefügezustände der Versuchsserie 1 aufgeführt.

Die Zug-Druck-Wechselfestigkeiten der Kleinproben belaufen sich nach den Bildern 42 bis 48 auf 190 N/mm² (Gefügezustand 1), auf 180 N/mm² (Gefügezustand 3), auf 230 N/mm² (Gefügezustand 5) und auf 300 N/mm² (Gefügezustand 6).

Demnach sind die ermittelten Zug-Druck-Wechselfestigkeiten der Kleinproben kleiner als die der Normalproben; die Verringerung liegt zwischen 55% und 58% für die im (α+β)-Gebiet und zwischen 15% und 25% für die im β-Gebiet umgeformten Proben. Demnach ist die Festigkeitsverringerung der Proben mit globularem Gefüge größer als die der Proben mit lamellarem Gefüge.

Dieses Ergebnis steht aber im Widerspruch zu den Ergebnissen [51], daß durch ein vergrößertes Probenvolumen eine Dauerschwingfestigkeitseinbuße eintritt (Mikrostützwirkungseffekt). Die Erklärung dafür, warum die Kleinproben wesentlich geringere Schwingfestigkeiten als die Normalproben aufweisen, kann nur in der erhöhten Empfindlichkeit dieser Proben gegenüber Gefügeausbildung und -inhomogenitäten begründet sein.

Die aus den Versuchsergebnissen der Kleinproben ermittelten Streuspannen L sind in Tabelle 8 aufgeführt. Aus dieser Darstellung ist eine deutliche Abhängigkeit der Breite der Streuung vom Gefügezustand zu erkennen. Um diesen Zusammenhang zu verdeutlichen, sind die Ergebnisse in Bild 49 graphisch dargestellt. Das Bild zeigt den Zusammenhang zwischen der Streuspanne L und dem Mittelwert der Schwingspielzahlen N*. Dabei ist N* der arithmetische Mittelwert der Schwingspielzahlen der Proben, die einem konstanten Spannungsausschlag σ_a unterworfen wurden. Die eingetragenen Zahlen sind Werte des Spannungsausschlages σ_a in N/mm², mit denen die Proben belastet wurden. Die im Bild dargestellten Kurven beschreiben das Verhalten der untersuchten Gefügezustände im Zeitfestigkeitsbereich; die ermittelten Streuspannen variieren zwischen L = 4 und L = 328. Die größten Streuungen der Schwingspielzahlen weisen im gesamten Zeitfestigkeitsbereich die Proben auf, die aus dem Werkstoff der im ß-Gebiet umgeformten Gefügezustände 6 und 7 hergestellt wurden (Kurve 6 und 7). Eine erhebliche Streuung der Meßwerte weist auch der Werkstoff, der im (α+ß)-Gebiet umgeformt wurde, Gefügezustand 1 (Kurve 1), auf.

Eine Analyse des Einflusses der Umform- und Wärmebehandlungsparameter auf die Lebensdauerstreuung zeigt, daß die Streuspanne der im (α+ß)-Gebiet umgeformten Proben von der Umformrichtung der Probenrohlinge abhängt. Die Proben mit dem Gefügezustand 3 weisen im gesamten Zeitfestigkeitsbereich eine geringere Streuung der Lebensdauer (Kurve 3) als die der Proben mit dem Gefügezustand 1 (Kurve 1) auf. Nach den im Bild dargestellten Streuspannen beeinflußt die Umformtemperatur die Streuspanne wesentlich. Die Proben mit den Gefügezuständen 3 und 6 unterscheiden sich bei der Herstellung nur durch die Umformtemperatur (s. Tabelle 1). Das Verhalten der Proben beider Gefügezustände ist im gesamten Zeitfestigkeitsbereich stark unterschiedlich. Während die Streuung der Lebensdauer der Proben mit dem Gefügezustand 3 (Kurve 3) verhältnismäßig gering ist, weisen die Proben mit dem Gefügezustand 6 (Kurve 6) im gesamten untersuchten Zeitfestigkeitsbereich wesentlich eine größere Streuung der Lebensdauer auf.

In Bild 49 zeigen die Kurven 2, 4 und 7 den Verlauf der Lebensdauerstreuung der Proben mit den Gefügezuständen 2, 4 und 7, die durch nachträglich durchgeführte Glühbehandlung einiger Probenrohlinge mit den Gefügezuständen 1, 3 und 6 entstanden sind. Bezogen auf die Streuung der Proben im Anlieferungszustand hat sich die Streuspanne

- der Proben mit dem Gefügezustand 1 durch Erhöhung der Glühtemperatur von 973 K auf 1053 K erheblich verringert. Die ermittelten Werte der Streuspanne liegen zwischen L = 5 und L = 9 gegenüber L = 12 und L = 40 im Anlieferungszustand.
- der Proben mit dem Gefügezustand 3 unwesentlich verändert, wie die in Bild 49 dargestellten Streuungskurven 3 und 4 zeigen. Dazu ist zu bemerken, daß die Lebensdauerstreuung dieser Proben von Anfang an niedrig lag, so daß anscheinend die nachträglich durchgeführte Glühbehandlung ohne Einfluß auf die Breite der Streuspanne geblieben ist.
- der Proben mit dem Gefügezustand 7 erhöht. Die ermittelten Werte der Streuspanne liegen zwischen L = 111 und L = 328 gegenüber L = 58 und L = 200 im Anlieferungszustand.

Um das Verhalten der Proben mit den verschiedenen Gefügezuständen in Bezug auf die Streuung und die Höhe der Lebensdauer besser erläutern zu können, sind im folgenden die bei einem Spannungsausschlag von $\sigma_a = \pm 400$ N/mm² ermittelten Streuspannen und die dazu gehörige mittlere Lebensdauer angegeben:

Gefügezustand:	1	2	3	4	5	6	7
Streuspanne:	23	6	12	22	9	200	328
mittlere Lebensdauer in Schwingspielzahlen $N \cdot 10^6$:	3,5	0,9	2,3	0,5	0,4	1,1	1,2

Je nach Gefügezustand wurden bei diesem Spannungsausschlag zwischen 12 und 16 Proben untersucht.

Die Darstellung zeigt die starke Abhängigkeit sowohl der Lebensdauer als auch der Streuung vom Gefügezustand der Proben. Demnach ist die Streuung der Proben mit den Gefügezuständen 6 und 7, wie schon erwähnt wurde, überproportional hoch.

Nach den vorliegenden Ergebnissen ergeben die nachfolgend aufgeführten Kombinationen von Umformparametern und thermischer Nachbehandlung die geringste Streuung der Schwingspielzahlen im Zeitfestigkeitsbereich:

- Gefügezustand 2, umgeformt im (α+ß)-Gebiet in Probenlängsachse und anschließend 1 h bei 1053 K geglüht und an Luft abgekühlt.
- Gefügezustand 3, umgeformt im (α+ß)-Gebiet quer zur Probenlängsachse und anschließend 2 h bei 973 K geglüht und an Luft abgekühlt.
- Gefügezustand 4, umgeformt im (α+ß)-Gebiet quer zur Probenlängsachse und anschließend 1 h bei 1053 K geglüht und an Luft abgekühlt.
- Gefügezustand 5, umgeformt im ß-Gebiet in Probenlängsachse und anschließend 1 h bei 1223 K geglüht und an Luft abgekühlt.

3.2.2 Schwingfestigkeitsverhalten des Werkstoffes der Versuchsserie 2

Die am Werkstoff der Versuchsserie 2 durchgeführten Schwingfestigkeitsversuche zeigen die Bilder 50 bis 55. Die Versuche wurden sowohl an Kleinproben (Bild 50 bis 52) als auch an Normalproben (Bild 53 bis 55) durchgeführt. Bis zur Erstellung dieses Berichtes konnten aus zeitlichen Gründen nicht so viele Proben untersucht werden, wie geplant war und wie dies bei der Versuchsserie 1 der Fall war. Trotz der geringeren Anzahl der untersuchten Proben weisen die ermittelten Ergebnisse Tendenzen auf, die Aufschlüsse über das Festigkeitsverhalten und über die Streuung der Lebensdauer in Abhängigkeit vom Umformgrad der TiAl6V4-Scheiben geben. Die Querschnittsabnahme der drei untersuchten Scheiben betrug nach der Umformung im (α+ß)-Gebiet 60%, 70% und 80%. Danach wurden die Scheiben 2 h bei 973 K geglüht und an Luft abgekühlt. Die Proben wurden in Radialrichtung, d.h. in Hauptfließrichtung entnommen.

Die ermittelten Wöhler-Diagramme zeigen, daß eine Abhängigkeit der Streuung der Schwingspielzahlen vom Umformgrad vorliegt. Die Proben mit dem geringsten Umformgrad (Bild 50) weisen die geringste Streuung ihrer Lebensdauer auf. Die größte Streuung zeigen dagegen die Proben mit dem größten Umformgrad (Bild 52). Eine statistische Auswertung der Versuchsergebnisse mit dem

Ziel, die Streuspanne der Schwingspielzahlen zu ermitteln, war nicht möglich, weil aus zeitlichen Gründen nicht so viele Proben untersucht werden konnten und daher die pro Laststufe untersuchte Probenzahl zu gering war. Trotz dieses Mangels zeigen die gewonnenen Ergebnisse die vorher angedeutete Tendenz auf. Dieses Ergebnis wird durch die an Normalproben durchgeführten Versuche bestätigt. Die Proben mit dem geringsten Umformgrad, Bild 53, zeigen die geringste Streuung der Schwingspielzahlen.

Die in den Bildern 53 und 55 dargestellten Diagramme lassen für die Normalproben eine Dauerschwingfestigkeit im Bereich zwischen 350 N/mm² und 400 N/mm² erwarten. Die für Kleinproben nach Bild 50 bis 52 erwartete Dauerschwingfestigkeit ist wesentlich kleiner als die der Normalproben und liegt im Bereich von 100 N/mm² bis 120 N/mm². Demnach beläuft sich die Verringerung der Zug-Druck-Wechselfestigkeit der Kleinproben gegenüber den Normalproben auf 70%. Dieses Ergebnis stimmt mit den Ergebnissen überein, die an Proben der Versuchsserie 1 ermittelt wurden.

4. Zuordnung des Gefügezustandes zur Streuung der Versuchsergebnisse

Die Ergebnisse der vorliegenden Untersuchungen zeigen, daß die Streuung der Schwingspielzahlen weniger von den einzelnen Umform- und Wärmebehandlungsparametern als vom Gefügezustand, der durch Überlagerung der einzelnen Umform- und Wärmebehandlungsparameter beeinflußt wird, abhängt. Das Gefüge der untersuchten Versuchsserien 1 und 2 kann wie folgt beschrieben werden:

- Erholungsgefüge, das eine hohe Versetzungsdichte aufweist. Dieses Gefüge ist typisch für die Werkstoffe der Proben mit den Gefügezuständen 6 und 7 (Bild 15 und 16). Der rekristallisierte Anteil im Gefüge ist gering und liegt schätzungsweise bei ca. 7,5% im größten bzw. bei ca. 4,5% im kleinsten Querschnitt der Probenrohlinge. Die Streuung der Schwingspielzahlen ist entsprechend der stark inhomogenen Gefügeausbildung groß. Die in Bild 49 dargestellte Streuspanne (Kurve 6) zeigt, daß sich die Schwingspielzahlen beim gleichen Spannungsausschlag um das 200fache unterscheiden.

- Inhomogenes Gefüge, das sich durch teilweise rekristallisierte, teilweise noch verformte Bereiche unterschiedlicher Versetzungsstrukturen und -dichten beschreiben läßt. Dieses Gefüge ist typisch für den Gefügezustand 1 (Bild 9 und 10). Der Unterschied im rekristallisierten Gefügeanteil ist mit 43% und 25,5% zwischen dem größten und dem kleinsten Querschnitt der Proben mit diesem Gefügezustand groß. Die Streuung der Schwingspielzahlen der Proben mit diesem Gefügezustand (Bild 49, Kurve 1) ist groß, aber wesentlich geringer als die Streuung der Proben mit dem Gefügezustand 6 (Kurve 6). Dies ist mit dem höheren Anteil des rekristallisierten Gefüges dieser Proben zu begründen.
- Weitgehend homogenes Gefüge. Dieses Gefüge weist größere versetzungsarme rekristallisierte Bereiche auf. Die wenigen erkennbaren Versetzungsstrukturen sind meist Kleinwinkelkorngrenzen (Bild 11 bis 14). Dieses Gefüge ist typisch für die Gefügezustände 3 und 5, die mit 53% bzw. 62% im größten und 40% bzw. 61,5% im kleinsten Querschnitt der Probenrohlinge einen wesentlich höheren rekristallisierten Gefügeanteil aufweisen als die Gefüge der Probenrohlinge mit den Gefügezuständen 1 und 6. Die Streuung der Schwingspielzahlen ist entsprechend dem wesentlich homogeneren Gefüge geringer, wie die in Bild 49 dargestellten Streuspannen (Kurve 3 und 5) erkennen lassen.

Ein weitgehend homogenes Gefüge weisen auch die unterschiedlich umgeformten TiAl6V4-Scheiben I, II und III auf, wobei der rekristallisierte Anteil im Gefüge mit zunehmender Umformung der Scheiben von 52,5% auf 44,5% abnimmt.

Bild 56 zeigt den Zusammenhang zwischen der Streuspanne L und dem rekristallisierten Gefügeanteil. Im Bild sind drei verschiedene Streuspannen eingetragen, die mittlere, die maximale und die bei einem Spannungsausschlag von 400 N/mm² ermittelte Streuspanne. Die mittlere Streuspanne wird so definiert, daß für jeden Gefügezustand die Summe der bei jedem Spannungsausschlag ermittelten Streuspannen durch die Anzahl der Spannungshorizonte dividiert wird. Wie aus Bild 49 hervorgeht, verursachen unterschiedliche Gefügezustände in einem kritischen Spannungsbereich unterschiedlich große Streuspannen, deren Lage und Höhe je nach Umform- und Glühbedingungen unterschiedlich sind. Das Maximum der Streuung, das aus den Kurven in Bild 49 ermittelt wurde, wird in Bild 56 als die maximale Streuspanne definiert.

In Bild 56 wurde für den rekristallisierten Gefügeanteil ein Mittelwert eingesetzt, der sich aus den Werten im größten und im kleinsten Querschnitt der Probenrohlinge (Tabelle 6) zusammensetzt.

Alle drei Streuspannen nehmen mit Zunahme des rekristallisierten Gefügeanteils ab. Sie liegen zwischen L = 110 und L = 200 bei einem rekristallisierten Gefügeanteil von ca. 7% und nehmen bei einem rekristallisierten Gefügeanteil von ca. 60% auf Werte zwischen 8 und 18 ab.

5. Zusammenfassung

Der Werkstoff der untersuchten Titanlegierung TiAl6V4 lag in Form von 10 unterschiedlichen Gefügezuständen vor, die durch verschiedene Umform- und Glühbehandlungsparameter erzeugt wurden. Untersucht wurde der Einfluß der Herstellungsparameter auf die Mikrostruktur und auf das Verhalten bei schwingender Beanspruchung.

Das Gefüge der untersuchten Zustände unterscheidet sich im Anlieferungszustand in Form, Größe, Verteilung, Volumenanteil der α-Phase sowie in deren rekristallisiertem Anteil. Die Gefügeausbildung der im (α+ß)-Gebiet umgeformten Werkstoffe, Gefügezustände 1 bis 4 sowie I bis III, ist überwiegend globular mit lamellaren Anteilen, dagegen ist die Gefügeausbildung nach der Umformung im ß-Gebiet, Gefügezustände 5 bis 7, überwiegend lamellar mit globularen Anteilen.

Die Gefügeausbildung der untersuchten Werkstoffzustände läßt sich wie folgt klassifizieren:

- Erholungsgefüge, das sich durch hohe Versetzungsdichte kennzeichnet. Der rekristallisierte Anteil ist gering und wird auf ca. 4% bis 8% geschätzt.

- Inhomogenes Gefüge mit teilweise rekristallisierten, teilweise noch verformten Bereichen unterschiedlicher Versetzungsstrukturen und -dichten. Der rekristallisierte Anteil liegt zwischen 24,5% und 43%.
- Weitgehend homogenes Gefüge mit großen versetzungsarmen rekristallisierten Gefügebereichen. Der rekristallisierte Anteil liegt zwischen 40% und 62%.

Das Schwingfestigkeitsverhalten der Proben der Versuchsserie 1 hängt wesentlich von der Umformtemperatur ab. Die Proben mit globularem Gefüge, die aus den im (α+ß)-Gebiet umgeformten Probenrohlingen entnommen wurden, weisen eine höhere Schwingfestigkeit als die Proben mit lamellarem Gefüge auf, die aus den im ß-Gebiet umgeformten Probenrohlingen entnommen wurden.

In Folge der Gefügeinhomogenitäten nimmt die Schwingfestigkeit mit Abnahme des Probenvolumens ab. Diese Abnahme ist bei den Proben mit globularem Gefüge größer als bei denen mit lamellarem Gefüge.

Die Schwingfestigkeit der Proben aus Versuchsserie 2 (Scheibe I, II und III) mit einer mittleren Korngröße von 15,6 µm ist kleiner als die der Proben mit den Gefügezuständen 1 und 3 (Versuchsserie 1), die unter nahezu gleichen Bedingungen hergestellt und wärmebehandelt wurden, jedoch mit 10 µm eine kleinere Korngröße aufweisen.

Die Streuung der Schwingspielzahlen ist groß und hängt stark von der Homogenität des Gefüges ab. Je nach Gefügezustand liegt die Streuspanne der Schwingspielzahlen zwischen L = 4 und L = 328 und die Breite des Übergangsbereiches von Zeit- und Dauerfestigkeit zwischen S = 50 N/mm² und S = 106 N/mm².

Der aus der Zuordnung zwischen der Streuspanne der Schwingspielzahlen und dem rekristallisierten Gefügeanteil ermittelte Zusammenhang zeigt, daß die Streuspanne mit der Zunahme des rekristallisierten Gefügeanteils abnimmt. Bei einem rekristallisierten Gefügeanteil von nur ca. 7% ist die Streuspanne sehr hoch und liegt zwischen L = 100 und L = 200, die dann auf

Werte zwischen L = 10 und L = 20 bei einem rekristallisierten Gefügeanteil von 60% abnimmt.

Eine weitere Größe, die die Streuung der Lebensdauer, insbesondere im Übergangsbereich von Zeit- und Dauerschwingfestigkeit begünstigt, ist das Mischgefüge.

6. Literatur

[1] Chesnutt, J.C., Rhodes, C.G., and Williams, J.C.
Relationship between mechanical properties, microstructure, and fracture topography in α + ß titanium alloys
ASTM STP 60, 1976, S. 99-139

[2] Breme, J.
Einfluß des Gefüges auf die mechanischen Eigenschaften der Kriechbeständigkeit der Legierung TiAl6V4
Metall 27 (1973), S. 127-133

[3] Peters, M., and Lütjering, G.
Influence of grain-size on tensile properties of a Ti-Mo alloy with precipitate-free zones
Z. Metallk. 67 (1976), S. 811-814

[4] Stubbington, C.A., and Bowen, A.W.
Improvements in the fatigue strenght of Ti-6Al-4V through microstructure control
Journal of Materials Science 9 (1974), S. 941-947

[5] Curtis, R.E., and Spurer, W.F.
Effect of microstructure on the fracture properties of titanium alloys in air and salt solution
Trans. ASM 61 (1968), S. 115-127

[6] Bretfeld, H.
Einfluß der Verarbeitungsbedingungen auf die Schwingfestigkeit und Rißzähigkeit von Titanlegierungen
Titan-Kolloquium im BMVg, 1974

[7] Dylon, D., and Pierce, C.M.
Effect of microstructure on notch fatigue properties of Ti-6Al-4V
Met. Trans. A7 (1976), S. 111-121

[8] Zwicker, U., Schaller, G. und Hoffmann, U.
Einfluß des Gefügezustandes auf Dauerfestigkeit und Eigenerwärmung von TiAl6V4
Metall 31 (1977), S. 620-627

[9] Zwicker, U.
Einfluß des Gefügezustandes auf die mechanischen Eigenschaften von (α+β)-Titanlegierungen
Z. Werkstofftech. 9 (1978), S. 56-62

[10] Galda, K.H. und Munz, D.
Untersuchungen zum Einfluß des Gefügezustandes auf das Rißausbreitungs-Verhalten bei einsinniger Belastung von TiAl6V4
Z. Werkstofftech. 9 (1978), S. 113-120

[11] Gazioglu, K., Grundhoff, K.F., Funke,P. und Bunk, W.
Umformung, Gefügeausbildung und mechanische Eigenschaften der Titanlegierung TiAl6V4
Z. Metallk. 67 (1976), S. 209-217

[12] Imam, M.A. und Gilmore, C.M.
Room Temperature Creep of TiAl6V4
Met. Trans., 10A (1979), S. 419-425

[13] Gysler, A., and Lütjering, G.
Influence of Microstrukture and Test Temperature of Tensile and Creep Properties of Titanium
DFVLR-FB 79-24

[14] Breme, J.
Einfluß der Umformung und Wärmebehandlung auf das Kriechverhalten von TiAl6V4
Inst. f. Werkstoffwissenschaften II, Uni. Erlangen-Nürnberg, Hauskolloquium, 1972

[15] Hillnhagen, E. und Wirth, G.
Kriechverhalten und thermische Stabilität von TiAl6V4 und TiAl6V6Sn2 mit und ohne Salzkorrosion
Vortrag gehalten auf dem 3. Hauskolloquium des Inst. f. Werkstoffwissenschaften II, Uni. Erlangen-Nürnberg, 1972

[16] Lütjering, G.
Influence of grain size on the ductility of titanium alloys
3th Int. Conf. on Titanium, Moscow 1976

[17] Gysler, A., and Lutjering, G.
Influence of microstructure and test temperature on tensile and creep properties of titanium alloys
DFVLR-FB 79-24, Köln

[18] Sprague, R.A., Ruckle, D.L., and Smith, M.P.
The effect of microstructure on the low cycle fatigue behaviour of Ti-6Al-4V
Extended Abstracts Second International Conference on Titanium, Boston, 1972

[19] Bowen, A.W.
The effect of testing direction on the fatigue and tensile properties of Ti-6Al-4V bars
Extended Abstracts Second International Conference on Titanium, Boston, 1972

[20] Stubbington, C.A., and Bowen, A.W.
Improvements in the fatigue strength of Ti-6Al-4V through microstructure control
Journal of Materials Science 9 (1974), S. 941-947

[21] Neal, D.F., and Blenkinsop, P.A.
Internal fatigue origins in α-β titanium alloys
Acta Metallurgica 24 (1976), S. 59-63

[22] Irving, P.E., and Beevers, C.J.
Microstructural influences on fatigue crack growth in Ti-6Al-4V
Materials Science and Engineering 14 (1974), S. 229-238

[23] Richards, N.L., and Barnby, I.T.
The relationship between fracture toughness and microstructure in alpha-beta titanium alloys
Materials Science and Engineering 26 (1976), S. 221-229

[24] Wanhill, R.J.H.
Environmental fatigue crack propagation in Ti-6Al-4V sheet
Metallurgical Transactions 7A (1976), S. 1365-1373

[25] Yoder, G.R., Cooley, L.A., and Crooker, T.W.
Observations on microstructurally senstitive fatigue crack growth in a Widmanstätten Ti-6Al-4V alloy
Metallurgical Transactions 8A (1977), S. 1737-1743

[26] Rüdiger, K. und Ismer, A.
Einfluß von Mikro- und Makrogefügeausbildung auf das Schwingfestigkeitsverhalten von TiAl6V4 und TiAl6V6Sn2
Vortrag, gehalten auf dem 3. Hauskolloquium des Instituts für Werkstoffwissenschaften II, Uni. Erlangen-Nürnberg, 1972

[27] Broichhausen, J. und van Kann, H.
Influence of forging temperature of fatigue behaviour of Ti-6Al-4V materials
Extended abstracts second international conference on titanium, Boston, 1972

[28] Beck, E.
Effect of beta processing and fabrication on axial loading fatigue behaviour of titanium
Technical Report AFML-TR-69-108, 1969, June

[29] Lucas, J.J.
Improvements in the fatigue strength of Ti-6Al-4V forgings
Extended abstracts second international conference on titanium, Boston, 1972

[30] Lucas, J.J.
Fatigue strength improvements in Ti-6Al-4V forgings
American Helicopter Society, 30 East 42end Street, New York, N.Y. 10017

[31] Hempel, M. und Hillnhagen, E.
Dauerschwingfestigkeit der technischen Titanlegierung TiAl5Sn2,5 und TiAl6V4
Arch. Eisenhüttenwes. 37 (1966), S. 263-274

[32] Broichhausen, J.
Einfluß der Gefügeausbildung auf das Dauerschwingverhalten der unter verschiedenen Bedingungen geschmiedeten Titanlegierung TiAl6V4
Technische Mitteilungen Otto Fuchs Metallwerke, 1973

[33] Broichhausen, J. und van Kann, H.
Influence of forging skin on fatigue strenght of Ti-6Al-4V die forgings
3rd international conference on titanium Moscow, 1976, Abstracts, S. 372

[34] Broichhausen, J. und Telfah, M.
Wechselbeziehung zwischen Mikrostruktur und Schwingfestigkeit der Titanlegierung TiAl6V4 unter Berücksichtigung von Halbzeugherstellung durch Gesenkschmieden und Behandlungszustand
Forschungsbericht des Landes Nordrhein-Westfalen Nr. 2853, Westdeutscher Verlag, Opladen

[35] Telfah, M.
Wechselbeziehung zwischen Mikrostruktur und Schwingfestigkeit der Titanlegierung TiAl6V4
Dissertation, TH Aachen, 1979

[36] Broichhausen, J. und Telfah, M.
Wechselbeziehung zwischen Mikrostruktur und Schwingfestigkeit der Titanlegierung TiAl6V4
Metall 34 (1980), S. 909-917

[37] Broichhausen, J. und Telfah, M.
Einfluß der Herstellungsmethoden, Oberflächengüte und Mikrostruktur auf die Schwingfestigkeit der Titanlegierung TiAl6V4
Metall 35 (1981), S. 208-212

[38] Gumbel, E.J.
Statistische Theorie der Ermüdungserscheinungen bei Metallen
Mitteilungsblatt für mathematische Statistik 8 (1956), S. 97-130

[39] Freudenthal, A.M.
Planning and interpretation of fatigue tests
ASTM Spec. Tech. Publ. 121 (1952)

[40] Gaßner, E.
Zur Aussagefähigkeit von Ein- und Mehrstufenversuchen
Meterialprüfung 2 (1960), S. 121-128

[41] Droff, D.
Vergleich verschiedener statistischer Transformationsverfahren auf ihre Anwendbarkeit zur Ermittlung der Dauerschwingfestigkeit
Dr.-Ing.-Diss., TU Berlin, 1961

[42] Freeman, F., and Tucky, I.W.
Transformation related to the angular and the square root
Ann. Math. Statistics, 21 (1950), S. 607-611

[43] Maennig, W.W.
Untersuchungen zur Planung und Auswertung von Dauerschwingversuchen an Stahl in den Bereichen der Zeit- und Dauerfestigkeit
Fortschr.-Ber. VDI-Z., Reihe 5, Nr. 6, 1967

[44] Mäiß, M.
Vergleich der Aussagefähigkeit von Versuchen mit konstanter und steigender Belastung zur Abschätzung des Dauerschwingverhaltens bei Stahl
Dr.-Ing.-Diss., TU Berlin, 1965

[45] Sachmann, F.W.
Die Anwendung der Extremwerttheorie auf die Ergebnisse von Ermüdungsversuchen mit Wälzgetrieberädern
Materialprüf. 23 (1981), S. 120-125

[46] Zammert, W.U.
Versuchsmethoden zur Ermittlung von Dauerschwingfestigkeitswerten
Materialprüf. 23 (1981), S. 335-339

[47] Böhm, W.
Einfluß des Gefügezustandes auf die Rißbildung und Rißausbreitung unter schwingender Beanspruchung bei Titanlegierungen und den Stählen C105 und 100 Cr 6
Dissertation, Universität Erlangen-Nürnberg, 1978

[48] Böhm, W.
Einfluß des Gefügezustandes auf die Rißbildung und Ausbreitung unter schwingenden Beanspruchungen bei Titanlegierungen und dem Stahl 100 Cr 6
Z. Metallkde. 72 (1981), S. 693-699

[49] Peters, M., Gysler, A. und Luetjering, G.
Influence of microstructure on the fatigue behavior of Ti-6Al-4V
Fourth International Conference on Titanium 1980, Kyoto, Japan

[50] Majdic, M. und Ziegler, G.
Rekristallisation der Titanlegierung TiAl6V4
Z. Metallkde. 65 (1974), S. 173-178

[51] Heckel, H. und Kühler, G.
Experimentelle Untersuchungen der statistischen Größeneinflüsse im Dauerschwingversuch an gekerbten Stahlproben
Z. f. Werkstofftech. 6 (1975), S. 52-54

7. Tabellen und Bildanhang

Tabelle 1: Gefügezustand, Umform- und Wärmebehandlungsbedingungen

Gefüge-zustand	Umform-temperatur	Fließrichtung zur Probenlängsachse	Wärmeschlußbehandlung des Probenrohlings
1	1173 K, $\alpha+\beta$	längs	2 h / 973 K / Luft
2		längs	1 h / 1053 K / Luft
3		quer	2 h / 973 K / Luft
4		quer	1 h / 1053 K / Luft
5	1363 K, β	längs	1 h / 1223 K / Luft
6		quer	2 h / 973 K / Luft
7		quer	1 h / 1053 K / Luft

Tabelle 2: Charge A
a) Chemische Zusammensetzung: Massenanteil in %
b) mechanische Eigenschaften

Al	V	Fe	O_2	N_2	C	H_2	Rest
6,3	4,1	0,08	0,12	0,01	0,01	0,001	Ti

a)

$R_{p0,2}$ N/mm²	R_m N/mm²	A_5 %	Z %	a_k J/cm²
963	1015	14,3	34	46

b)

Tabelle 3: Charge B
Chemische Zusammensetzung: Massenanteil in %

Al	V	Fe	O_2	N_2	C	H_2	Rest
6,4	4,4	0,17	0,17	0,01	–	0,006	Ti

Tabelle 4: Charge B
Mechanische Eigenschaften

Gefügezustand	$R_{p0,2}$ N/mm²	R_m N/mm²	A_5 %	Z %	a_k J/cm²
Anlieferung	844	904	11	25	46
I	910	954	14	36	41
II	906	954	15	36	42
III	916	964	13	35	41

Tabelle 5: Scheibennummer, ihre Abmessungen und Umformgrade

Scheibennummer	Ausgangsdicke	Enddicke	Enddurchmesser	Umformgrad
I	100	40	411	60 %
II	133,2	40	475	70 %
III	200	40	580	80 %

Tabelle 6: Korngrößenklassifizierung in fein, mittel und grob

Werkstoffzustand	Gefügeanteil in %					
	fein bis 100 µm²		mittel von 100 µm² bis 400 µm²		grob ab 400 µm²	
	*	**	*	**	*	**
Anlieferung	18		71		11	
I	15	33	70	46	15	21
II	21	35	61	46	18	19
III	21	39	63	43	16	18

* in Hauptfließrichtung
** quer zur Hauptfließrichtung

Tabelle 7: Streuspanne L und Spannungsausschlagswerte, bei denen die Streuspannen ermittelt wurden

	Kleinproben						Gefügezustand
$\pm\sigma_a$ N/mm^2	430	400	370	340	310		1
L	15	23	12	40	15		
$\pm\sigma_a$ N/mm^2	430	400	370	340	310	280	2
L	6	6	9	6	6	5	
$\pm\sigma_a$ N/mm^2	500	460	400	340	300		3
L	13	7	12	4	4		
$\pm\sigma_a$ N/mm^2	400	380	350	320	290	260	4
L	22	7	6	16	10	13	
$\pm\sigma_a$ N/mm^2	420	400	380	350	320		5
L	15	9	12	4	18		
$\pm\sigma_a$ N/mm^2	560	510	480	440	400		6
L	4	122	58	99	200		
$\pm\sigma_a$ N/mm^2	510	480	440	400			7
L	160	204	111	328			

Tabelle 8: Rekristallisierter Anteil im Gefüge der angelieferten Probenrohlinge (Versuchsserie 1) und der drei Scheiben (Versuchsserie 2)

Gefügezustand	Rekristallisierter Gefügeanteil in %	
	größter Querschnitt	kleinster Querschnitt
1	43	24
3	53	40
5	62	61
6	7	5
I	53	
II	47	
III	45	

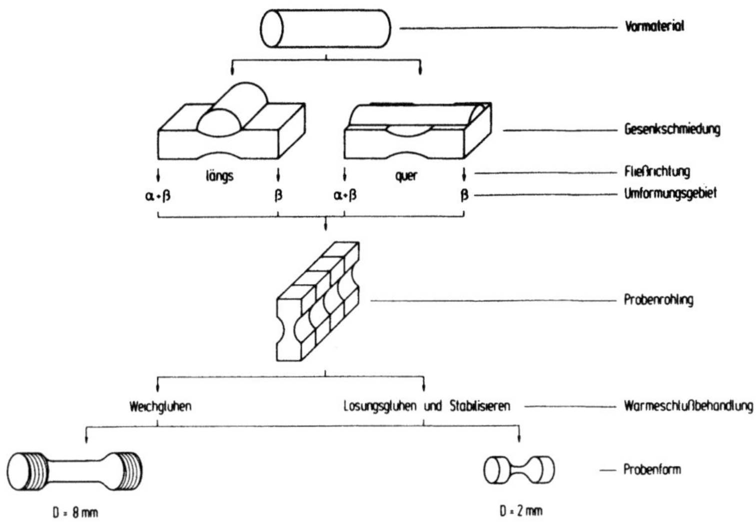

Bild 1: Herstellung, Kennzeichnung und Wärmebehandlung der Probenrohlinge (Versuchsserie 1, Charge A)

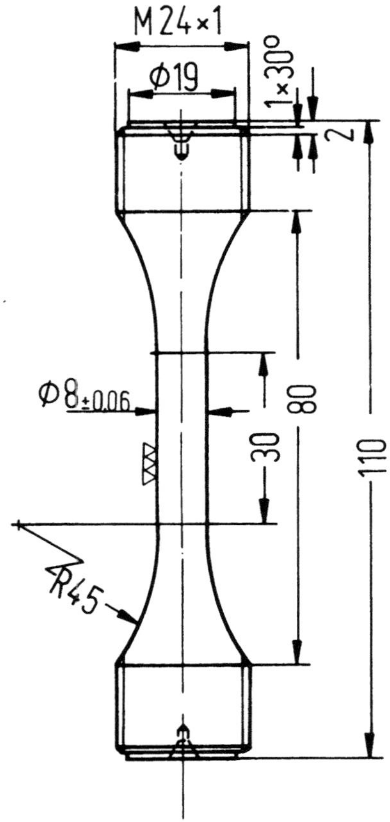

Bild 2: Abmessungen und Form der Normalproben

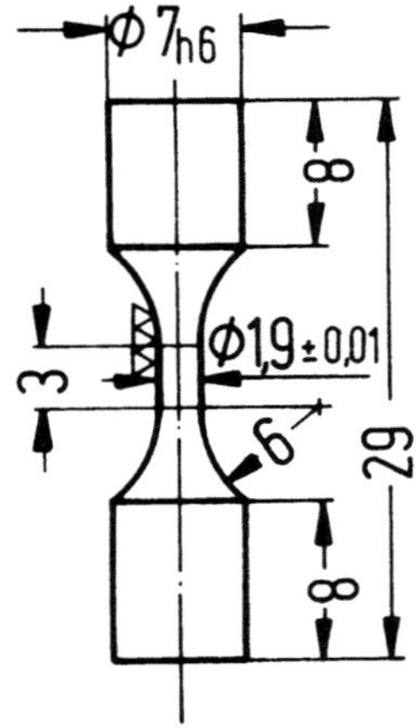

Bild 3: Abmessungen und Form der Kleinproben

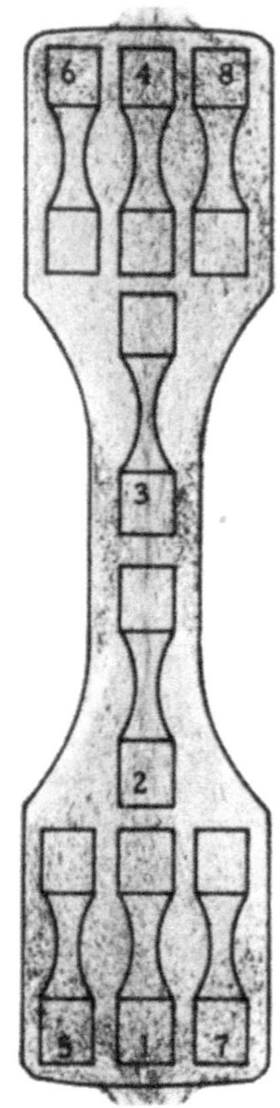

Bild 4: Probenverteilung im Rohling

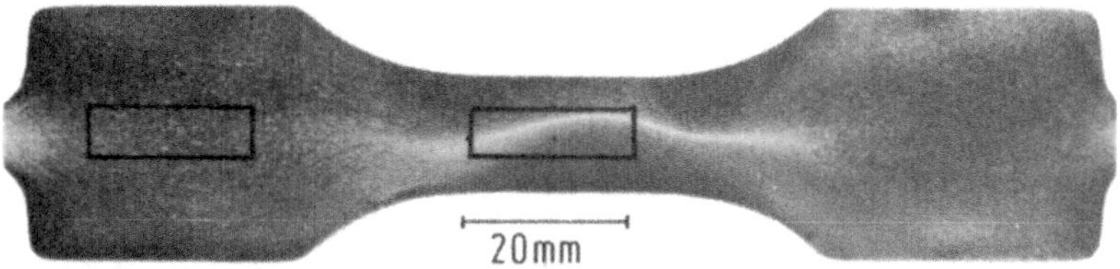

Bild 5: Makroschliff eines Probenrohlings (Versuchsserie 1), Lage der für die metallkundlichen Untersuchungen vorgesehenen Proben

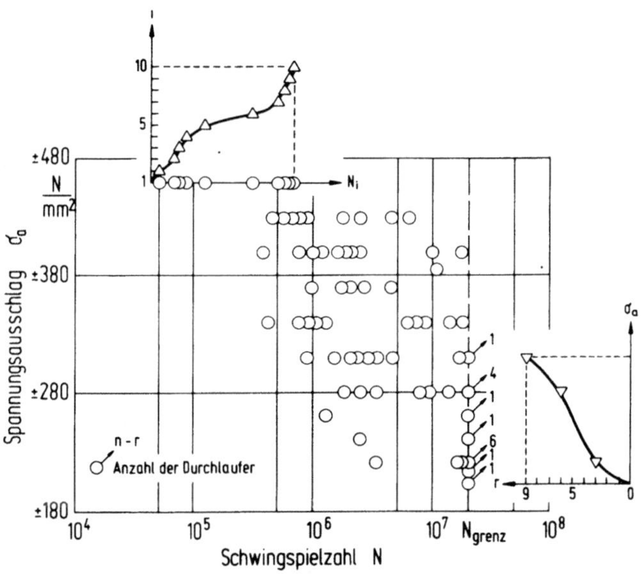

Bild 6: Bruchverteilung im Zeitfestigkeits- und im Übergangsbereich zur Dauerfestigkeit

n Zahl der bei einem konstanten Spannungsausschlag untersuchter Proben
o gebrochene Proben
♂ Durchläufer
i Ordnungszahl der nach wachsender Zyklenzahl geordneten Bruchschwingspielzahlen ($i_{max} = n$) im Zeitfestigkeitsbereich
r Bruchhäufigkeit in einer Laststufe konstanten Spannungsausschlages im Übergangsbereich zur Dauerfestigkeit

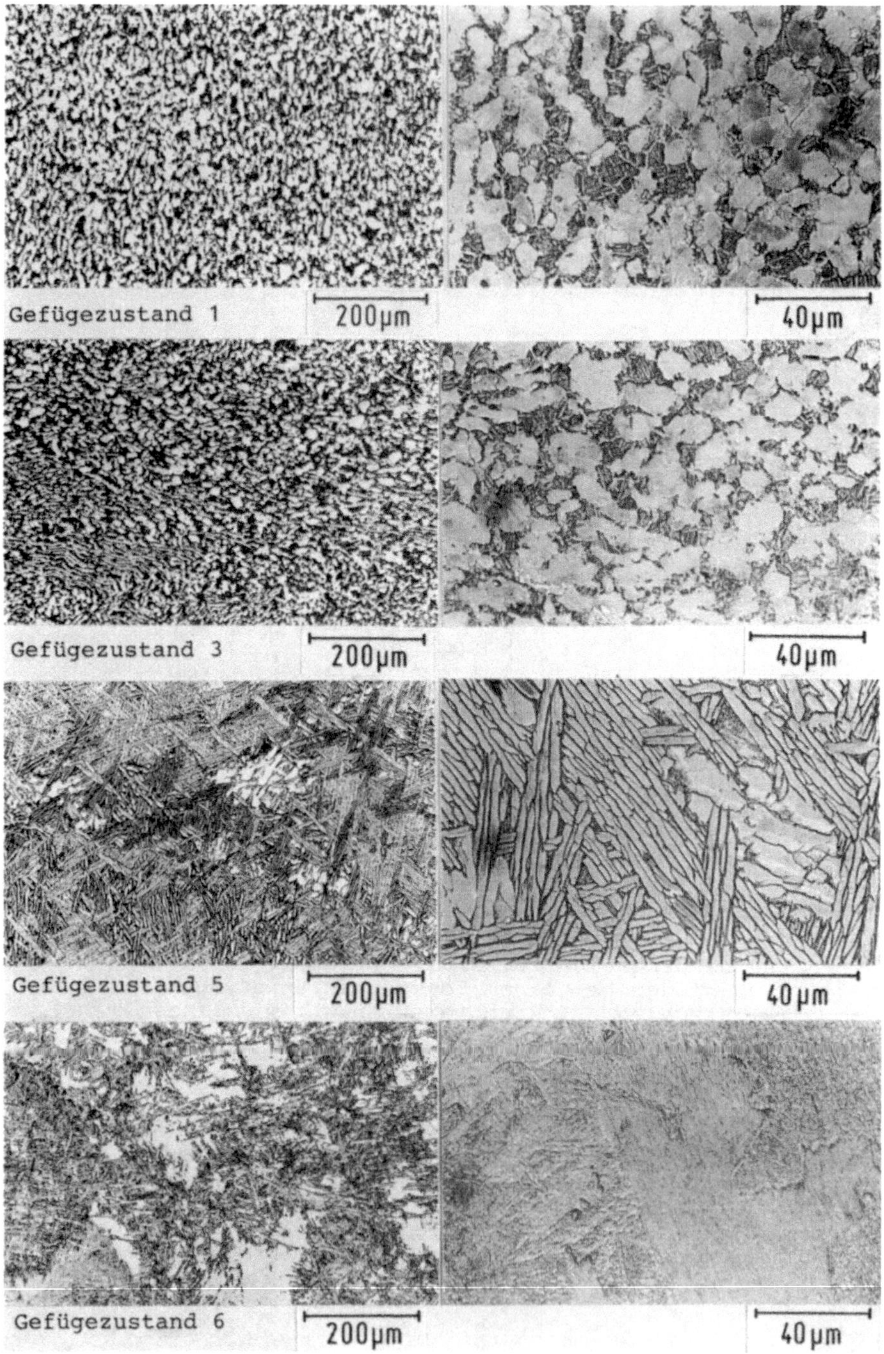

Bild 7: Gefügeausbildung im größten Querschnitt der Probenrohlinge (Lage 1)

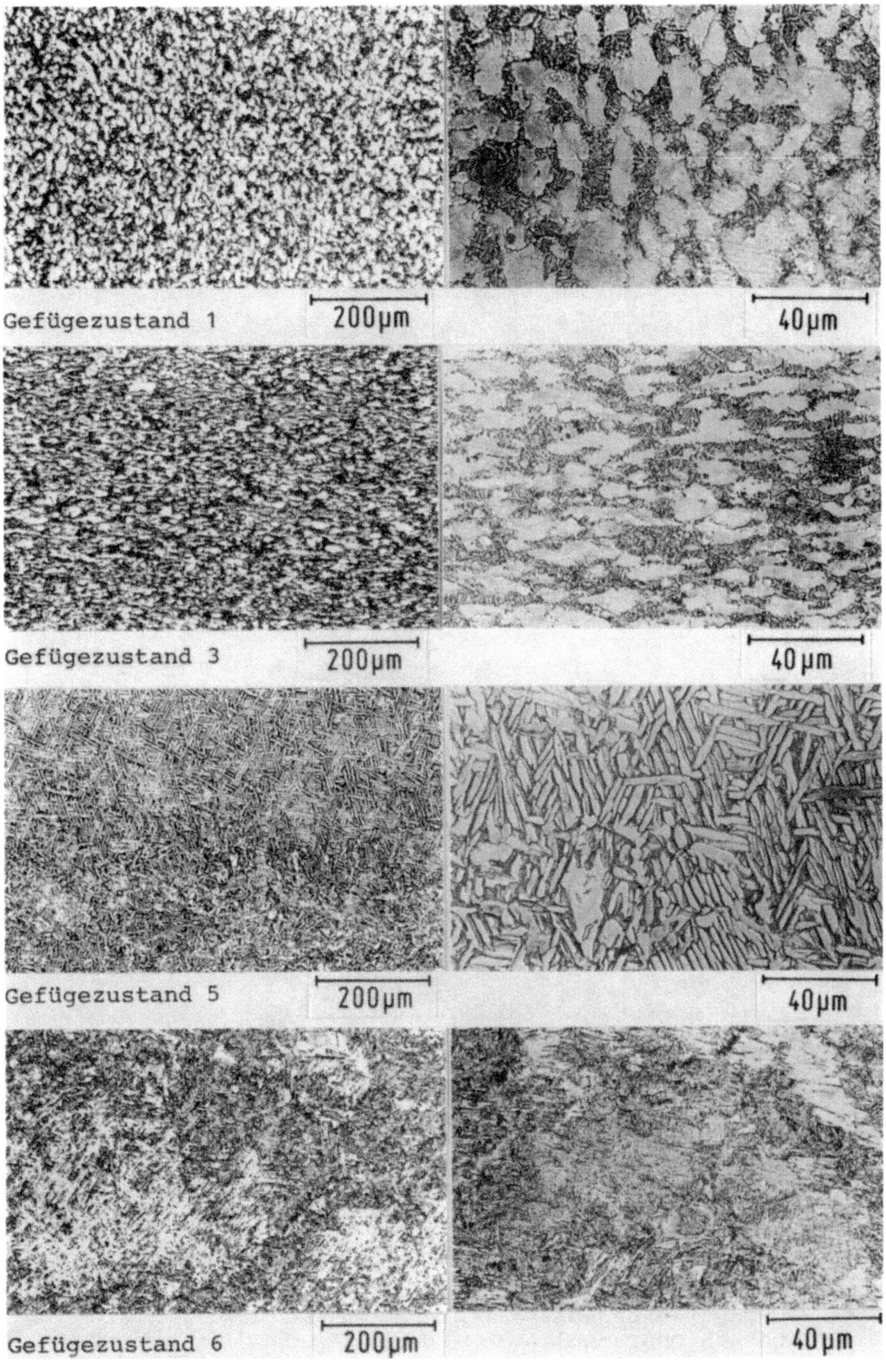

Bild 8: Gefügeausbildung im kleinsten Querschnitt der Probenrohlinge (Lage 2)

a) Teilrekristallisierter Zustand; rekristallisierte globular ausgebildete α-Körner neben stark verformten Gefügebereichen

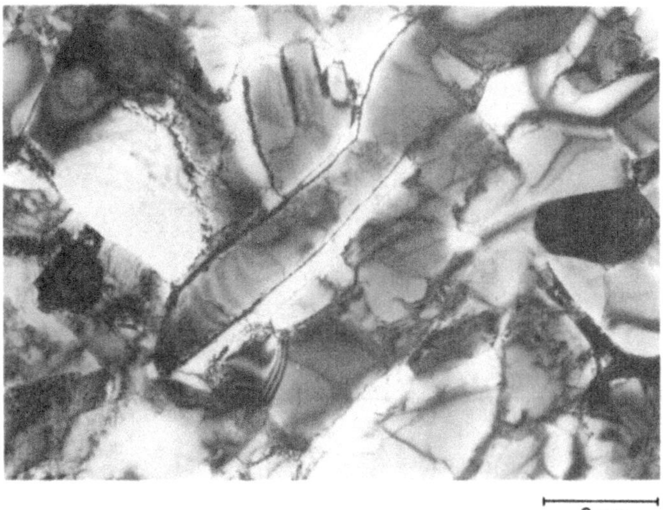

b) Rekristallisierte α-Körner lamellarer und globularer Form

Bild 9: Gefügezustand 1, elektronenmikroskopische Durchstrahlungsaufnahmen des Gefüges im größten Querschnitt der Probenrohlinge

a) Teilrekristallisierter Zustand; rekristallisierte globular ausgebildete α-Körner neben verformten Gefügebereichen

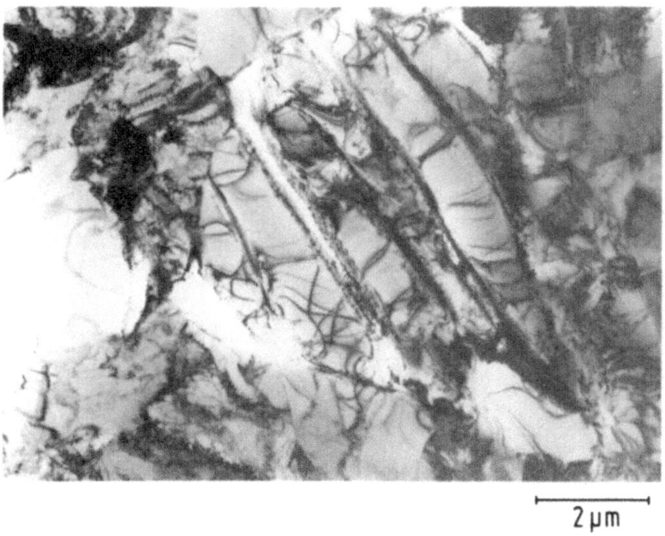

b) Teilrekristallisierter Zustand; rekristallisierte lamellar ausgebildete α-Körner neben verformten Gefügebereichen

Bild 10: Gefügezustand 1, elektronenmikroskopische Durchstrahlungsaufnahmen des Gefüges im kleinsten Querschnitt der Probenrohlinge

a) Teilrekristallisierter Zustand; rekristallisierte α-Körner globularer Form neben verformten Gefügebereichen

b) Teilrekristallisierter Zustand; rekristallisierte α-Körner lamellarer Form neben versetzungsreichen Gefügebereichen

<u>Bild 11:</u> Gefügezustand 3, elektronenmikroskopische Durchstrahlungsaufnahmen des Gefüges im größten Querschnitt der Probenrohlinge

a) Gut rekristallisierte α-Körner globularer Form neben verformten Gefügebereichen

b) Versetzungsreiche Gefügebereiche

Bild 12: Gefügezustand 3, elektronenmikroskopische Durchstrahlungsaufnahmen des Gefüges im kleinsten Querschnitt der Probenrohlinge

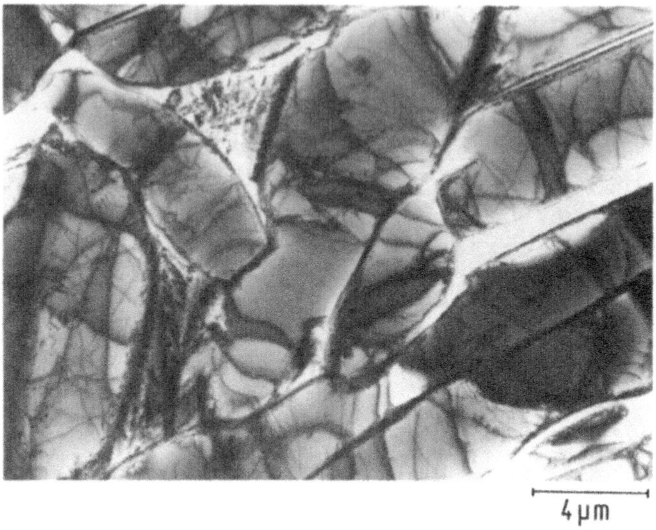

a) Lamellares, gut rekristallisiertes und versetzungsarmes Gefüge

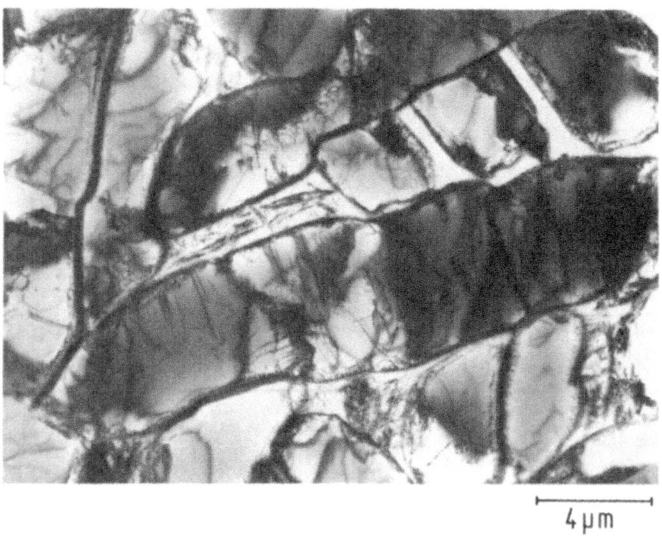

b) Gefügebereiche lamellar globularer Form

Bild 13: Gefügezustand 5, elektronenmikroskopische Durchstrahlungsaufnahmen des Gefüges im größten Querschnitt der Probenrohlinge

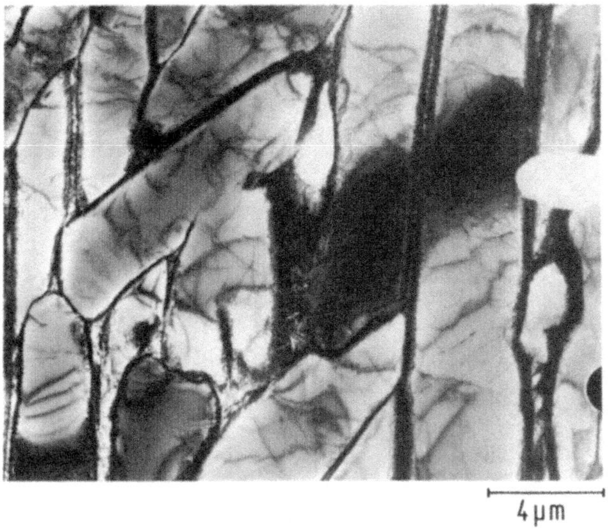

a) Lamellares, gut rekristallisiertes und versetzungsarmes Gefüge

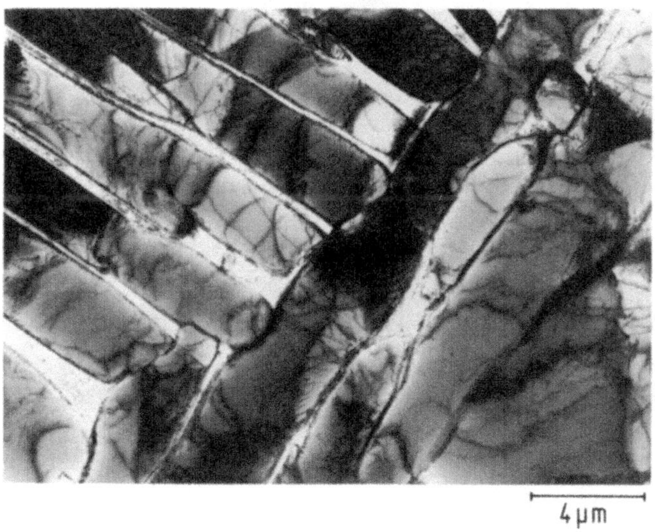

b) Lamellares, gut rekristallisiertes und versetzungsarmes Gefüge

Bild 14: Gefügezustand 5, elektronenmikroskopische Durchstrahlungsaufnahmen des Gefüges im kleinsten Querschnitt der Probenrohlinge

a) Erholungsgefüge

b) Versetzungsreiche Gefügebereiche

Bild 15: Gefügezustand 6, elektronenmikroskopische Durchstrahlungsaufnahmen des Gefüges im größten Querschnitt der Probenrohlinge

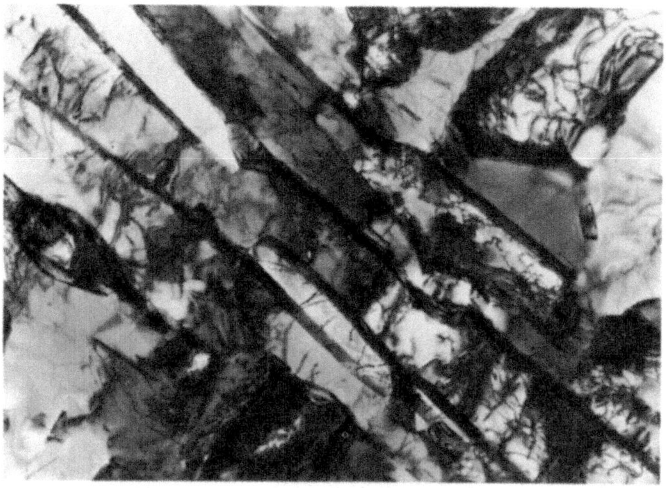

2 µm

a) Versetzungsreiche Gefügebereiche

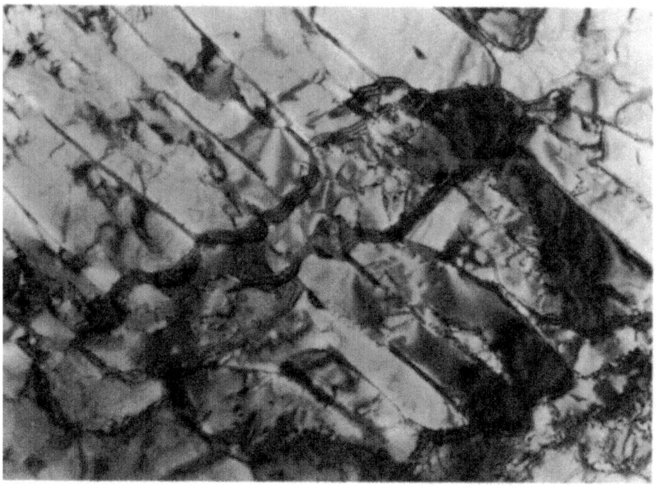

2 µm

b) Versetzungsreiche verformte Gefügebereiche

Bild 16: Gefügezustand 6, elektronenmikroskopische Durchstrahlungsaufnahmen des Gefüges im kleinsten Querschnitt der Probenrohlinge

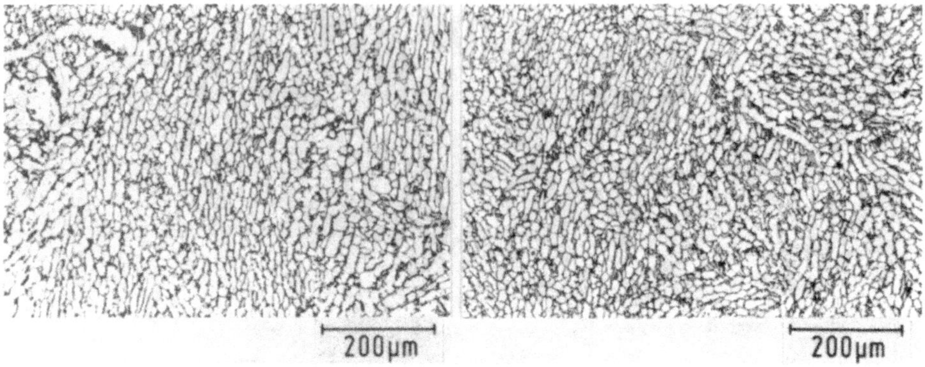

Bild 17: Gefügeausbildung des TiAl6V4-Zylinders im Anlieferungszustand: vorwiegend globular mit einem lamellaren Gefügeanteil von ca. 25%

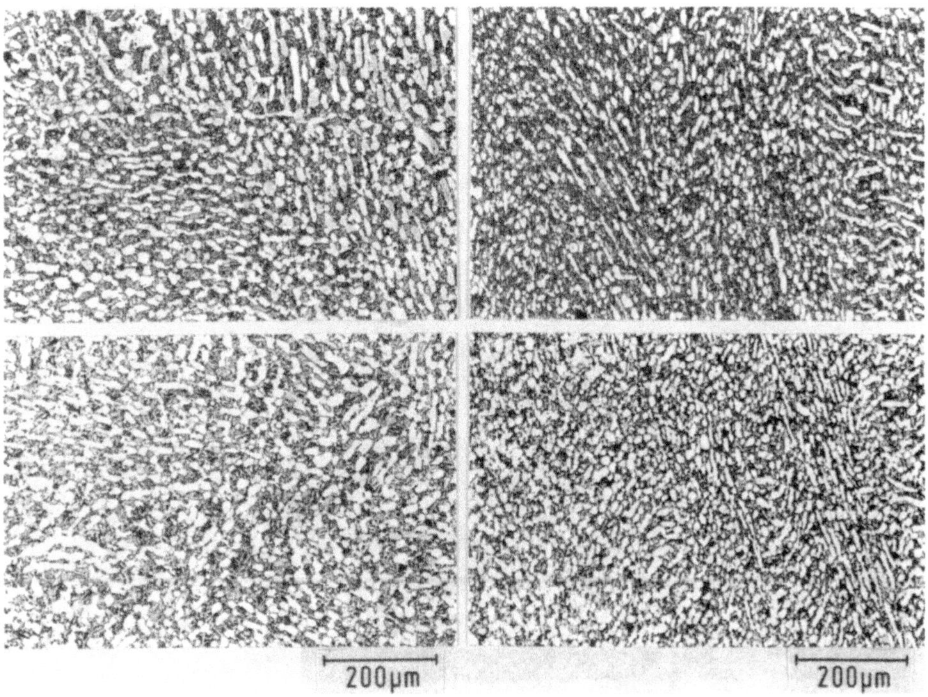

a) b)

Bild 18: Gefügeausbildung der TiAl6V4-Scheibe I: vorwiegend globular mit einem lamellaren Gefügeanteil von ca. 28%
a) in Hauptfließrichtung
b) quer zur Hauptfließrichtung

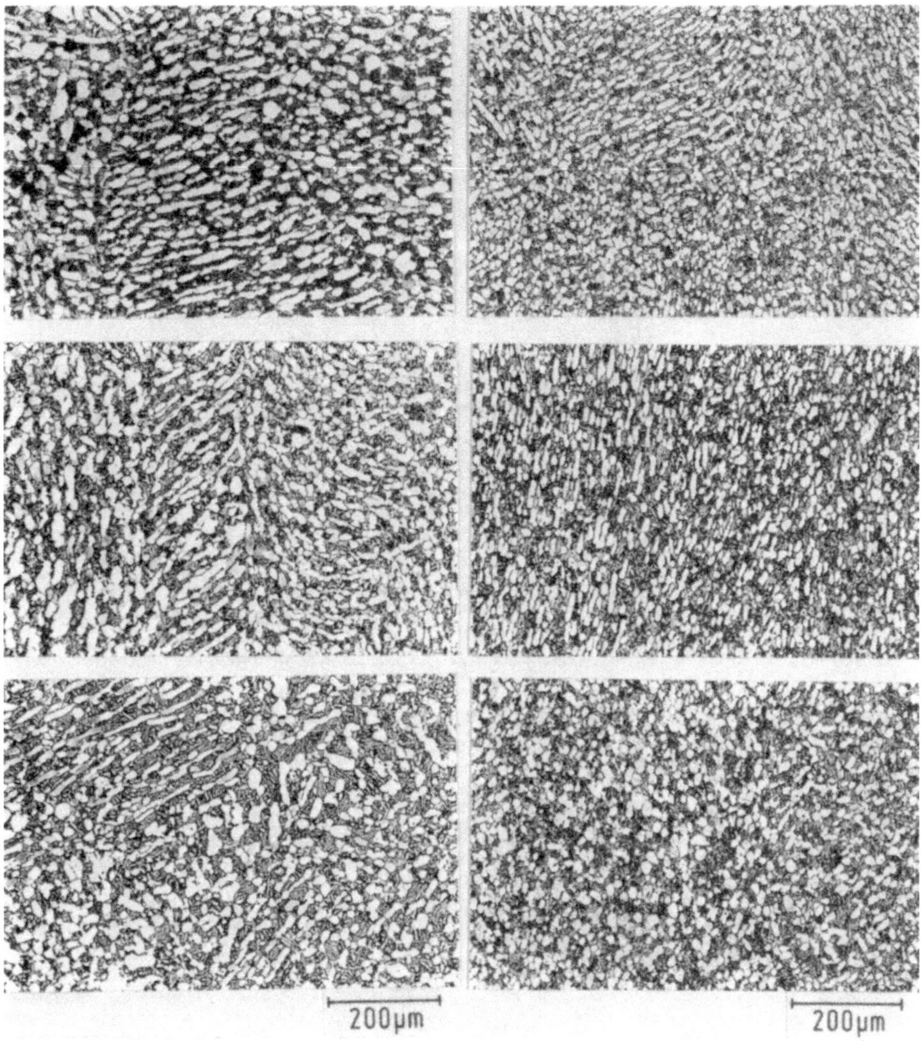

a) b)

Bild 19: Gefügeausbildung der TiAl6V4-Scheibe II: vorwiegend globular mit einem lamellaren Gefügeanteil von ca. 28%
a) in Hauptfließrichtung
b) quer zur Hauptfließrichtung

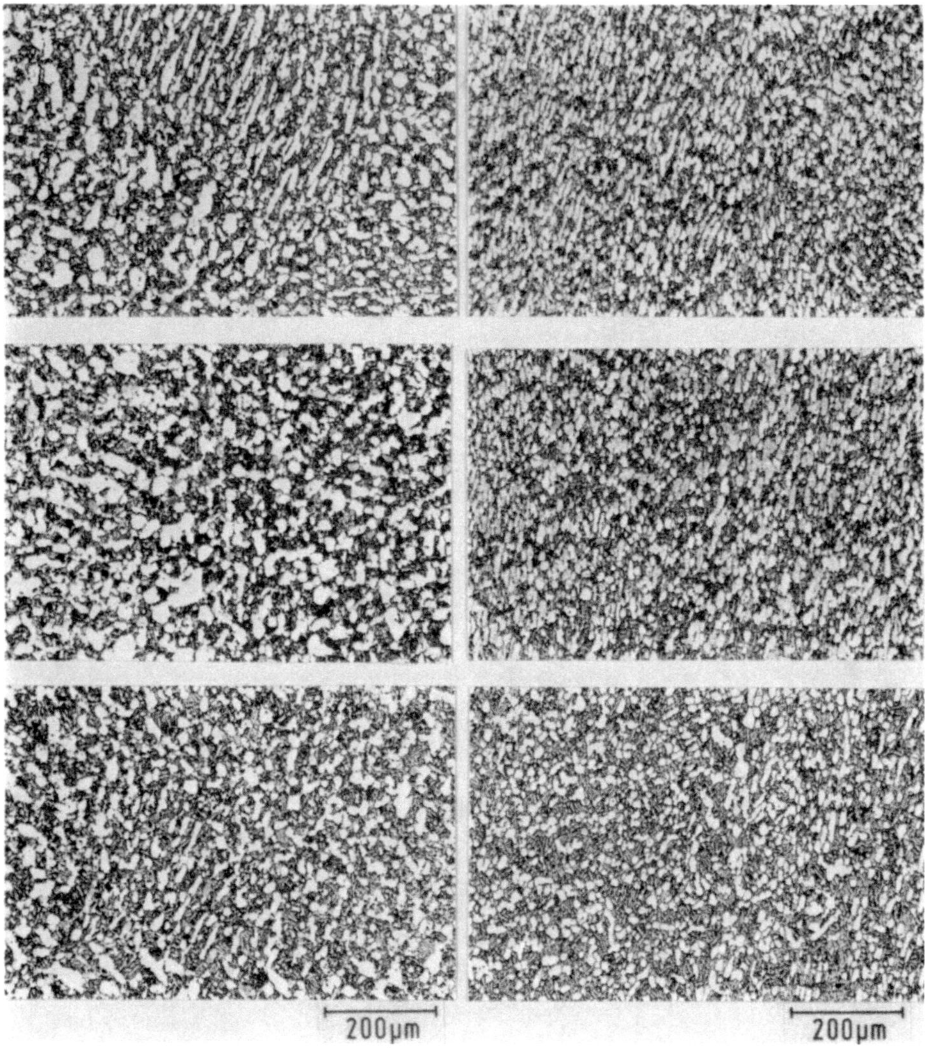

a) b)

Bild 20: Gefügeausbildung der TiAl6V4-Scheibe III: vorwiegend globular mit einem lamellaren Anteil von ca. 20%
a) in Hauptfließrichtung
b) quer zur Hauptfließrichtung

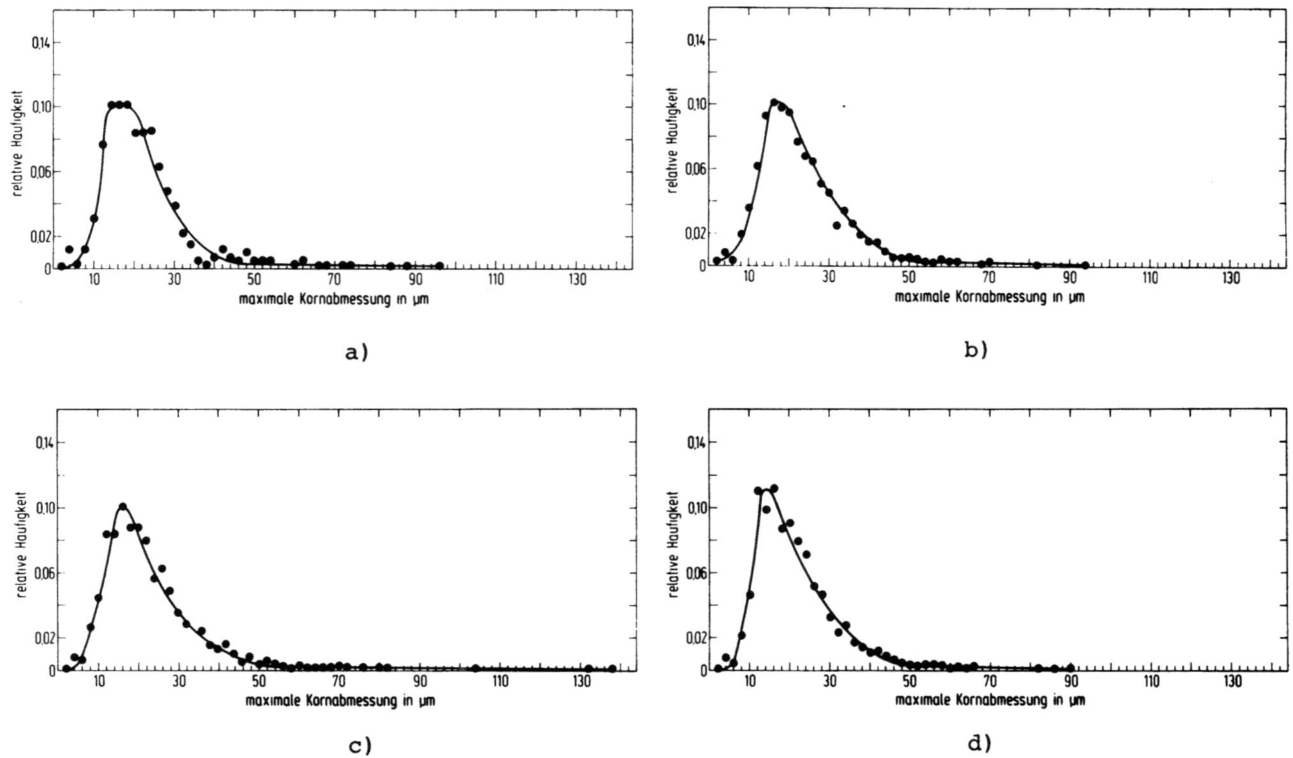

Bild 21: Verteilung der maximalen Abmessung der α-Körner in Hauptfließrichtung
a) Anlieferungszustand
b), c), d) Nach Umformung um 60%, 70% und 80%, Glühbehandlung: 2 h/973 K/Luft

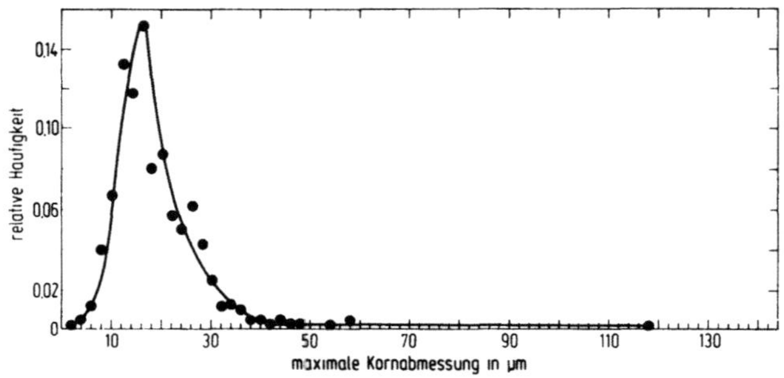

a)

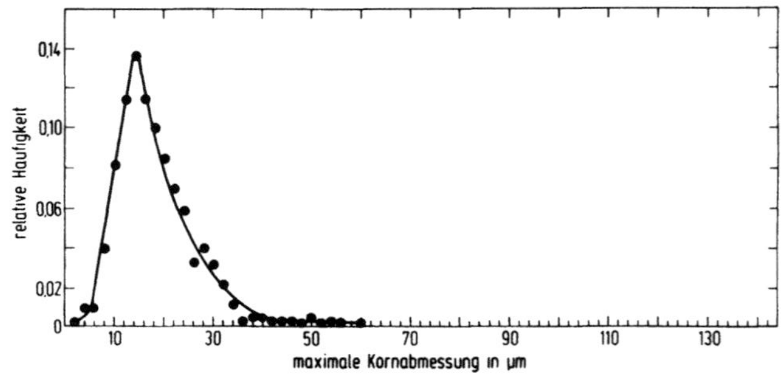

b)

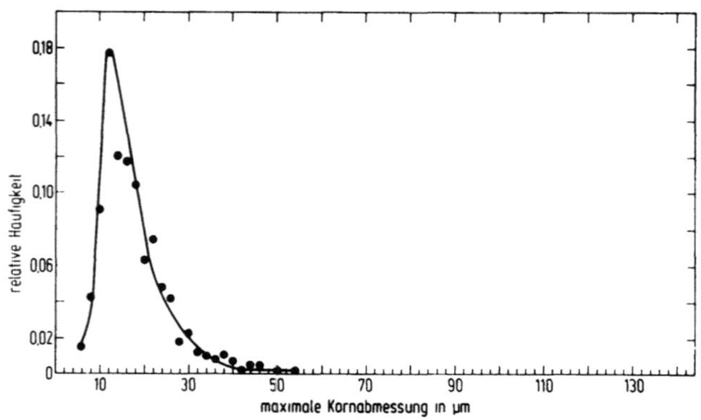

c)

Bild 22: Verteilung der maximalen Abmessung der α-Körner quer zur Hauptfließrichtung
a), b), c) Nach Umformung um 60%, 70% und 80%; Glühbehandlung 2 h/973 K/Luft

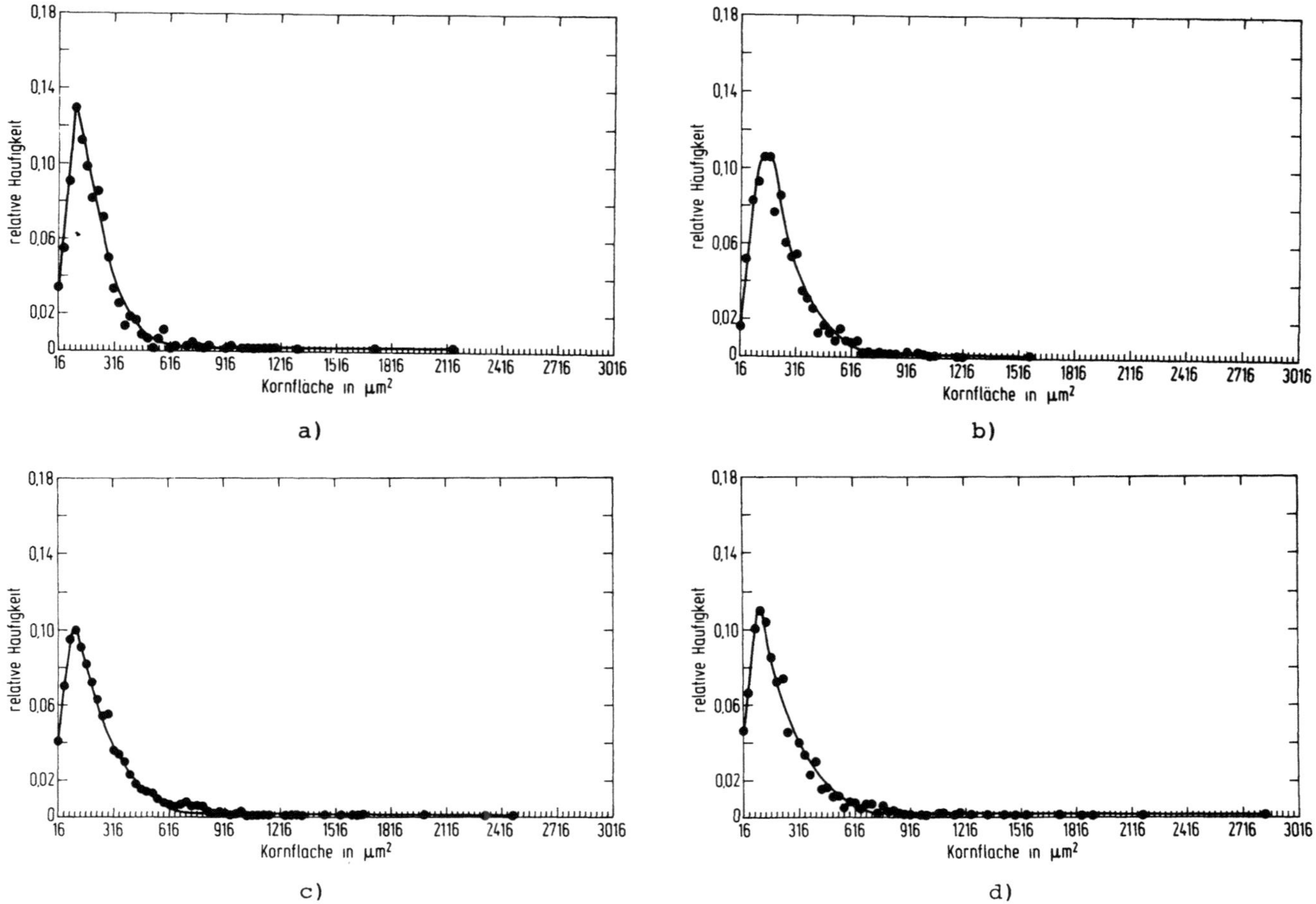

Bild 23: Verteilung der Kornfläche
a) im Anlieferungszustand
b), c), d) nach Umformung um 60%, 70% und 80%; Glühbehandlung: 2 h/973 K/Luft

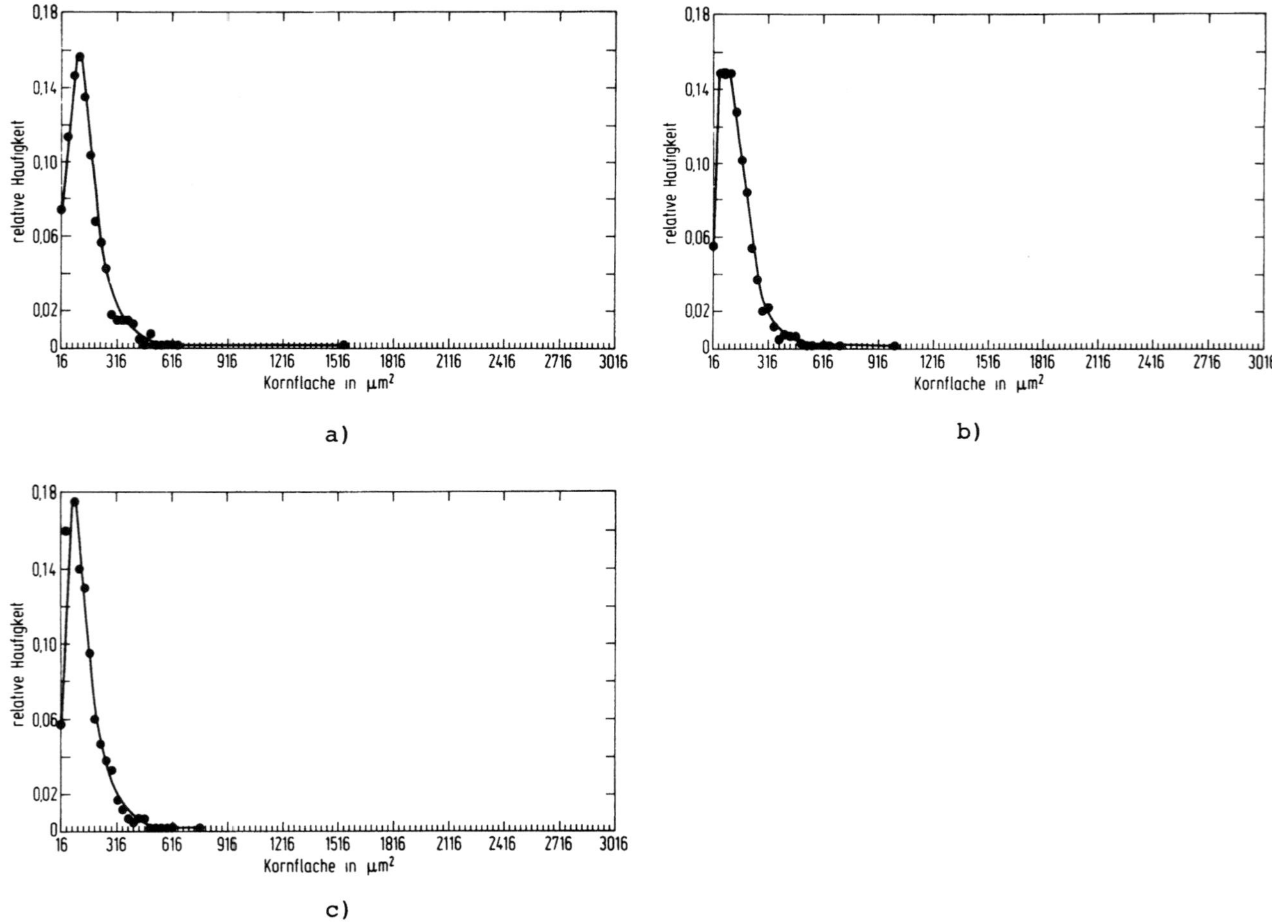

Bild 24: Verteilung der Kornfläche quer zur Hauptfließrichtung
a), b), c) Nach Umformung um 60%, 70% und 80%; Glühbehandlung: 2 h/973 K/Luft

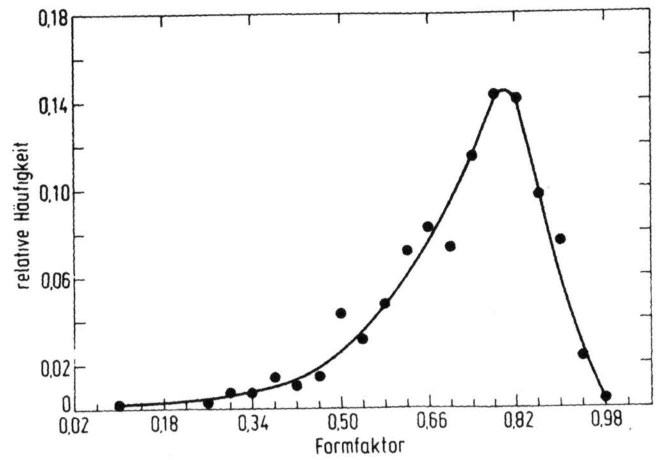

Bild 25: Formfaktorverteilung

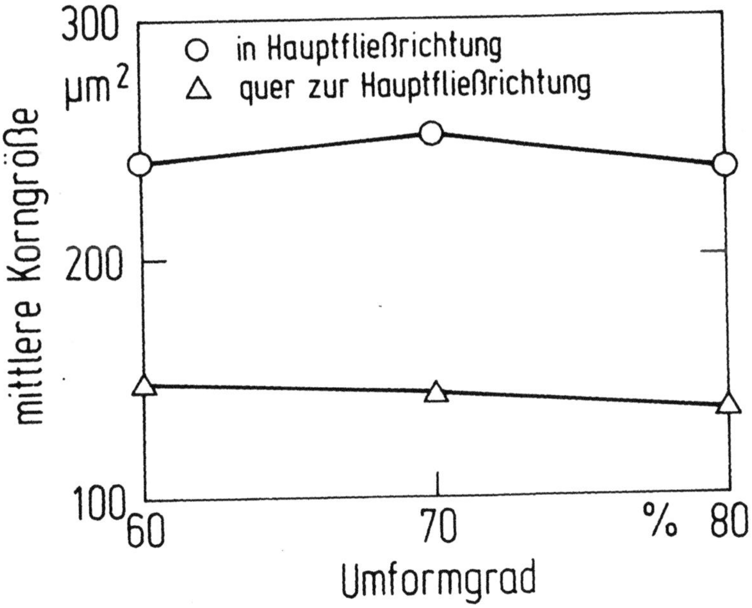

Bild 26: Zusammenhang zwischen der mittleren Korngröße und dem Umformgrad

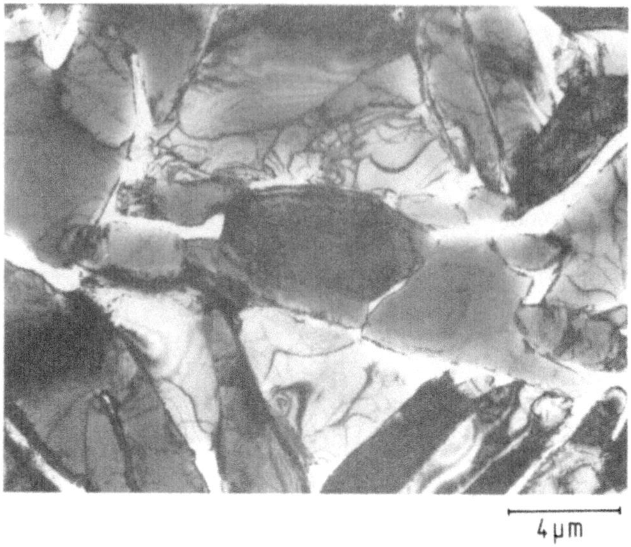

a) Rekristallisierte α-Körner globularer Form

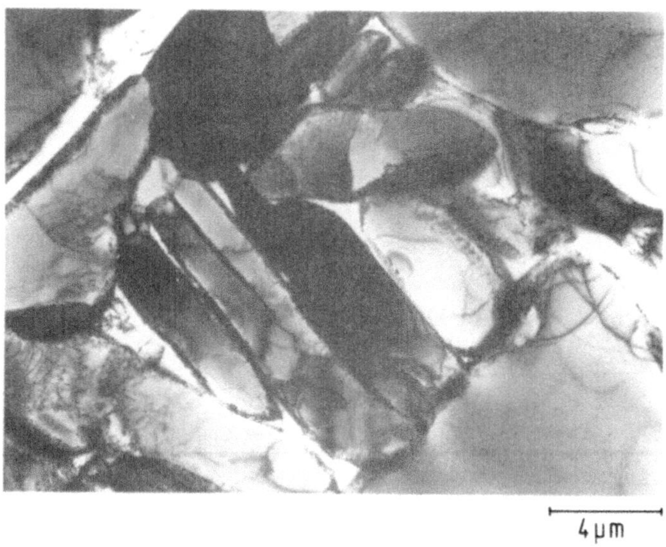

b) Rekristallisierte α-Körner globularer und lamellarer Form

Bild 27: Gefügezustand I; elektronenmikroskopische Durchstrahlungsaufnahme

a) Rekristallisierte α-Körner lamellarer Form

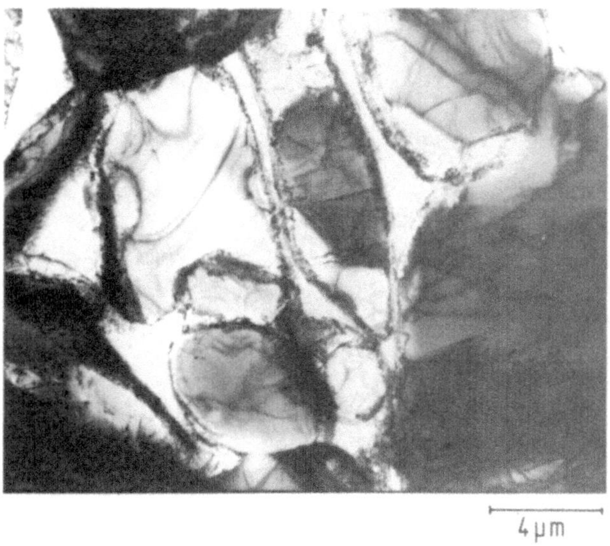

b) Rekristallisierte α-Körner globularer und lamellarer Form

Bild 28: Gefügezustand II; elektronenmikroskopische Durchstrahlungsaufnahmen

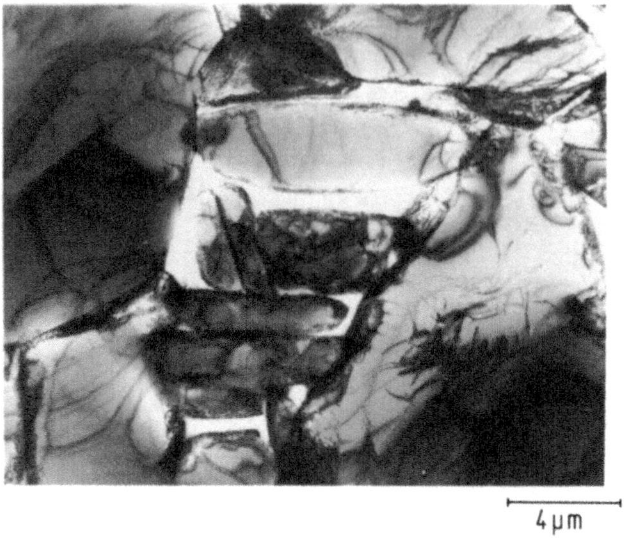

a) Rekristallisierte α-Körner globularer und lamellarer Form

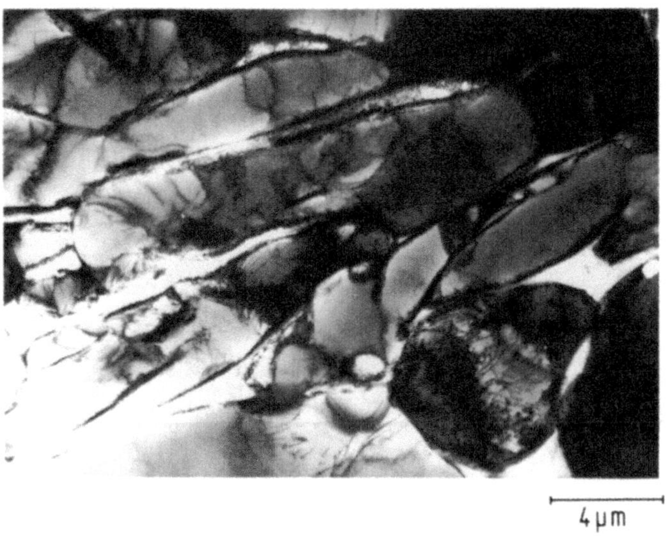

b) Rekristallisierte α-Körner lamellarer Form

<u>Bild 29:</u> Gefügezustand III, elektronenmikroskopische Durchstrahlungsaufnahmen

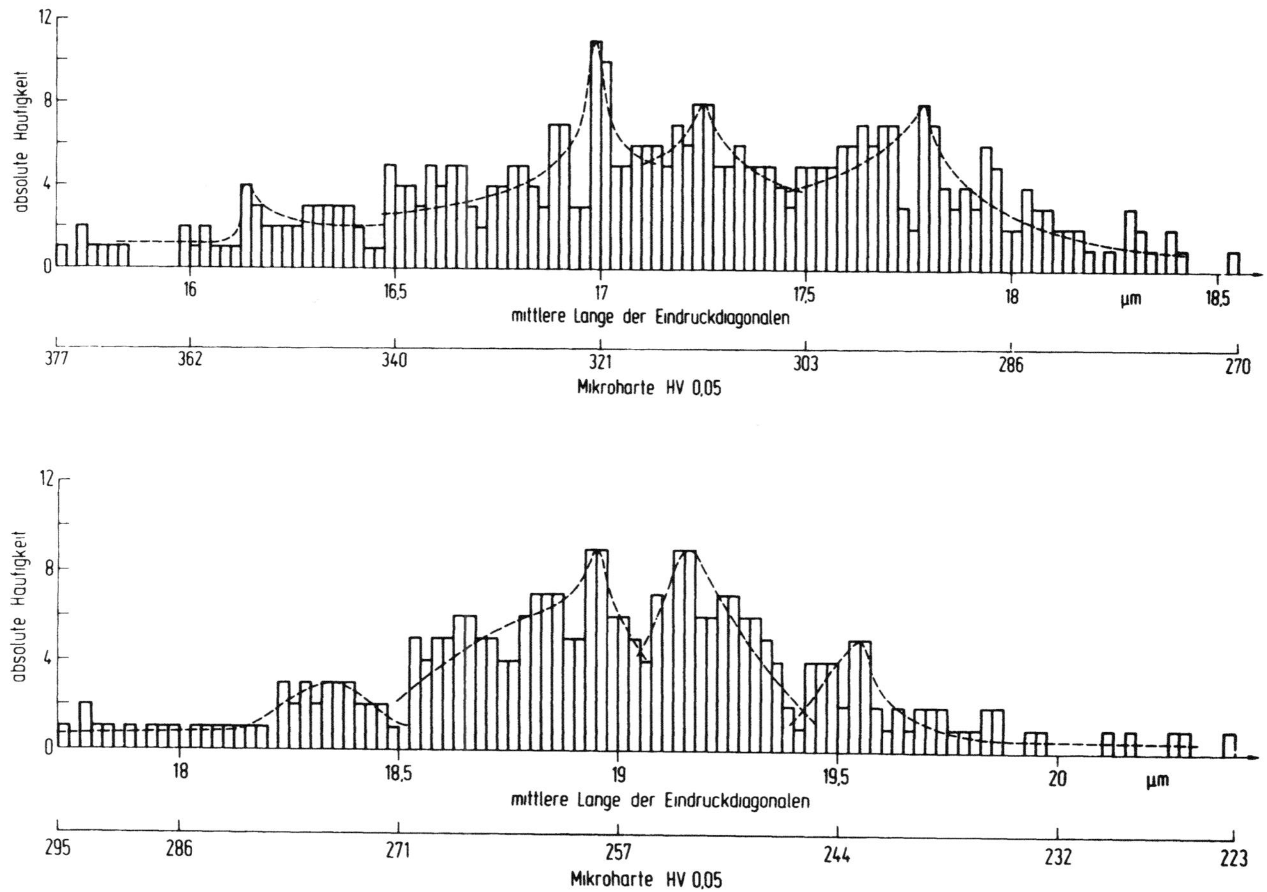

Bild 30: Häufigkeitsverteilung der Härte im größten und engsten Querschnitt der Probenrohlinge mit dem Gefügezustand 1

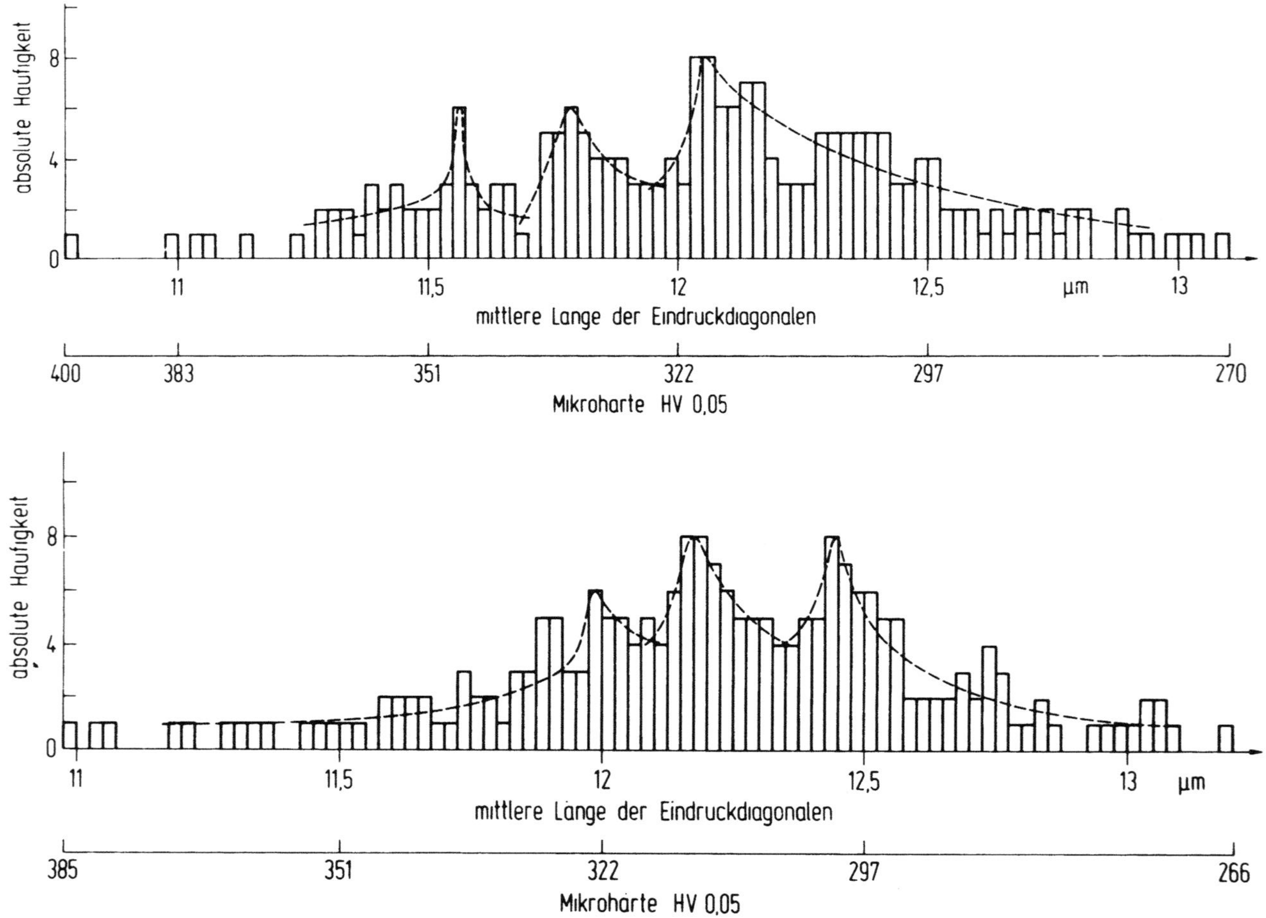

Bild 31: Häufigkeitsverteilung der Härte am größten und kleinsten Querschnitt der Probenrohlinge mit dem Gefügezustand 3

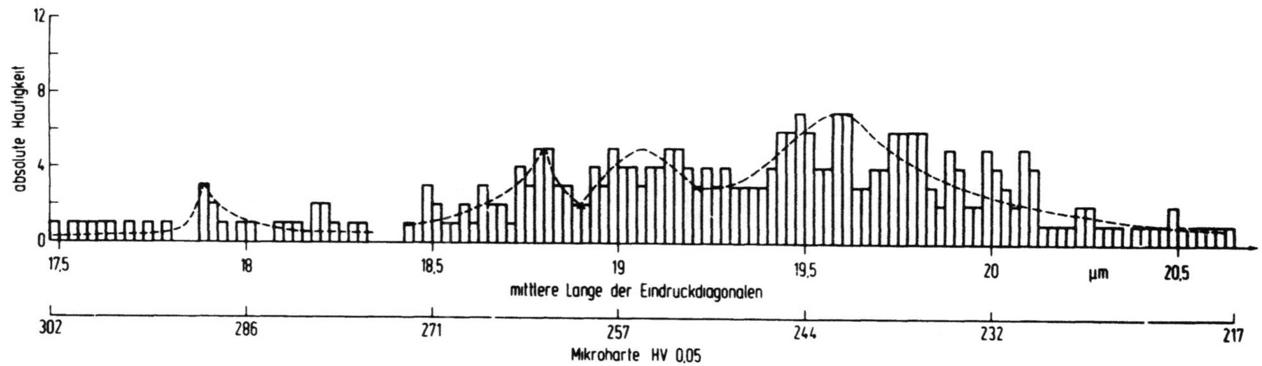

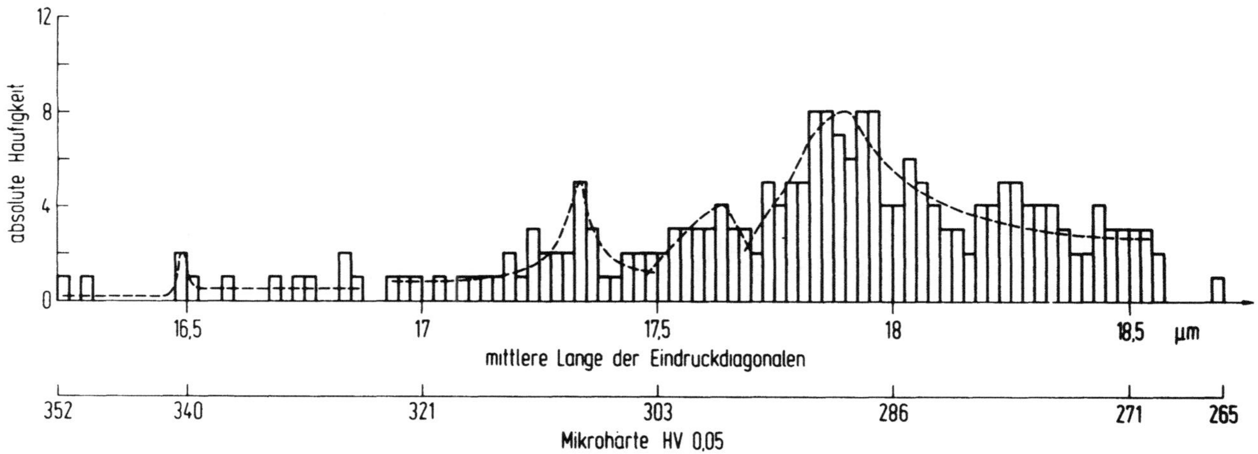

Bild 32: Häufigkeitsverteilung der Härte im größten und kleinsten Querschnitt der Probenrohlinge mit dem Gefügezustand 5

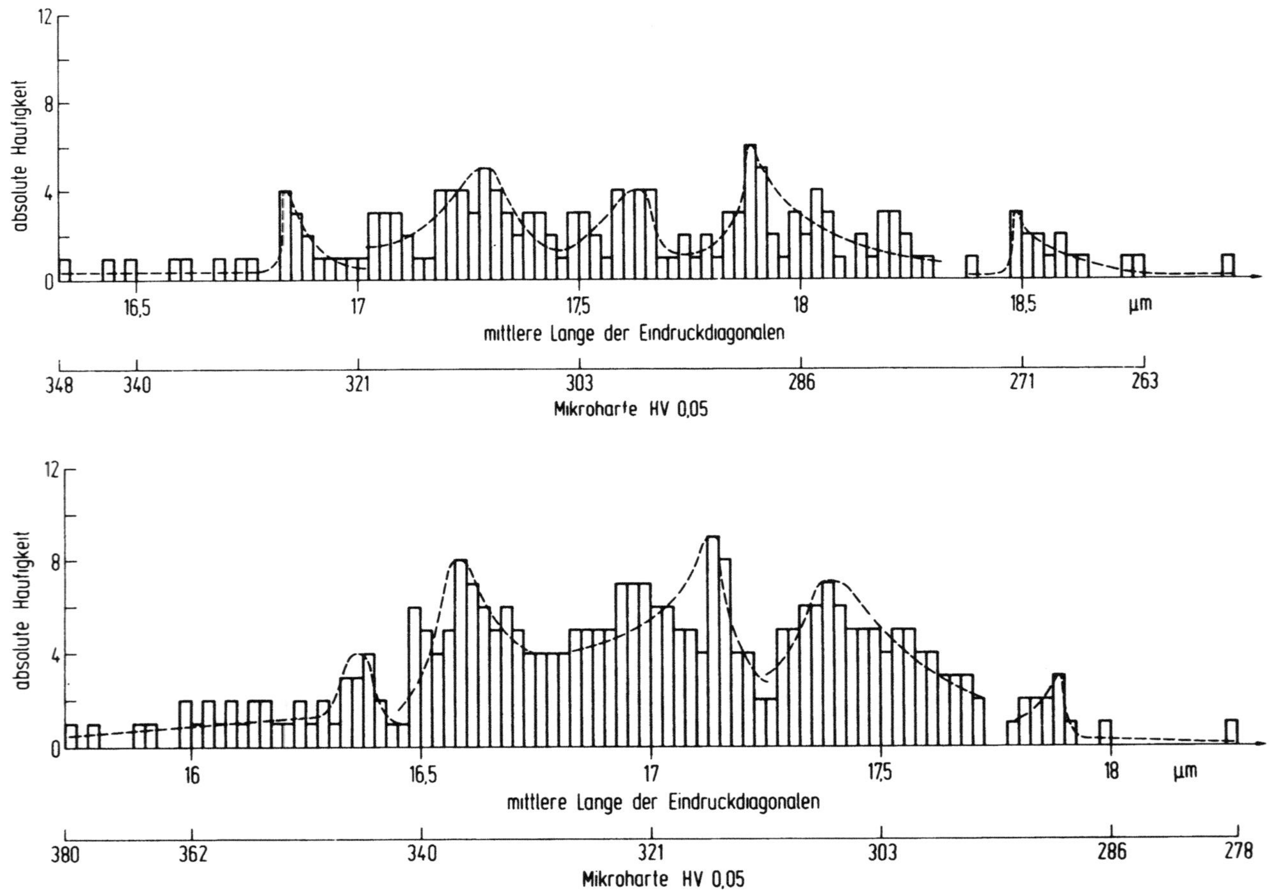

Bild 33: Häufigkeitsverteilung der Härte im größten und im kleinsten Querschnitt der Probenrohlinge mit dem Gefügezustand 6

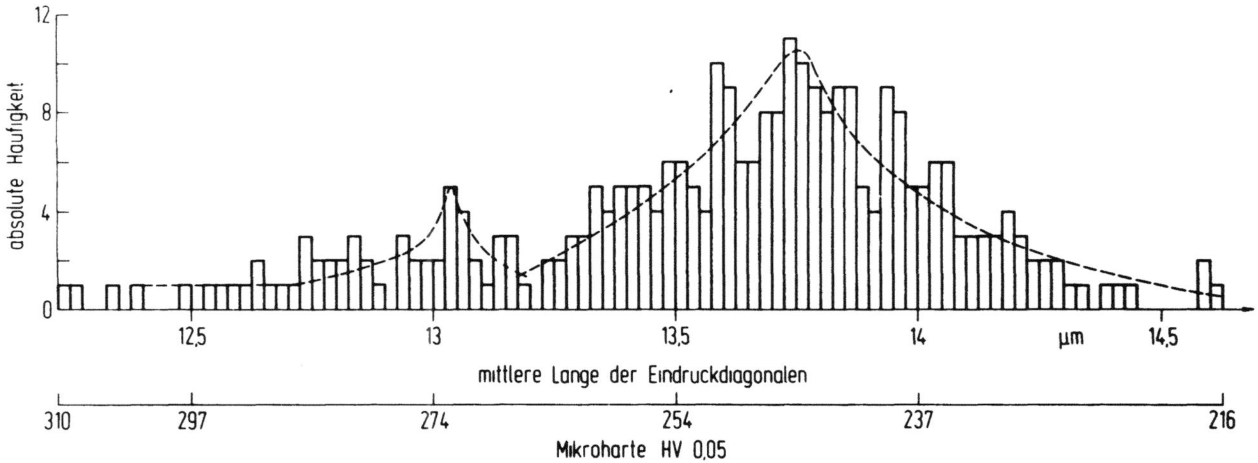

Bild 34: Häufigkeitsverteilung der Härte in der Scheibe I

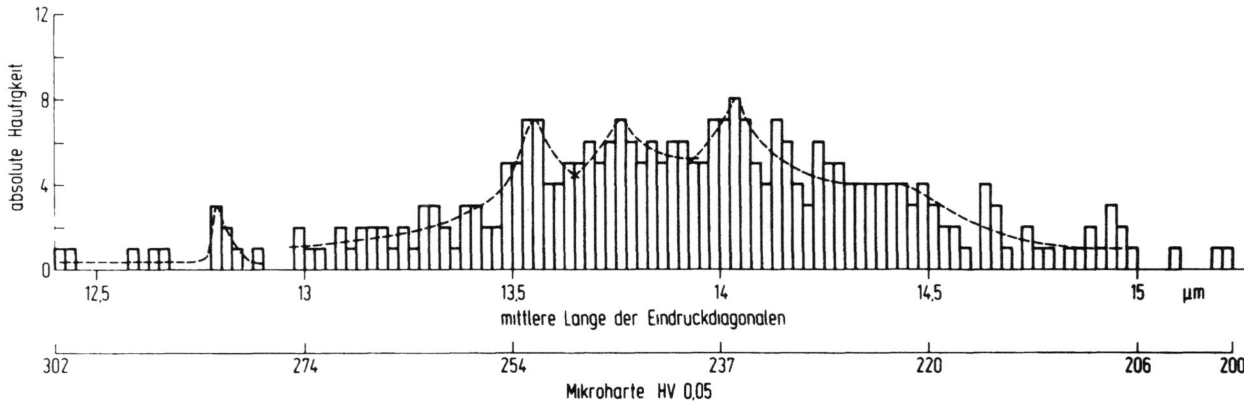

Bild 35: Häufigkeitsverteilung der Härte in der Scheibe II

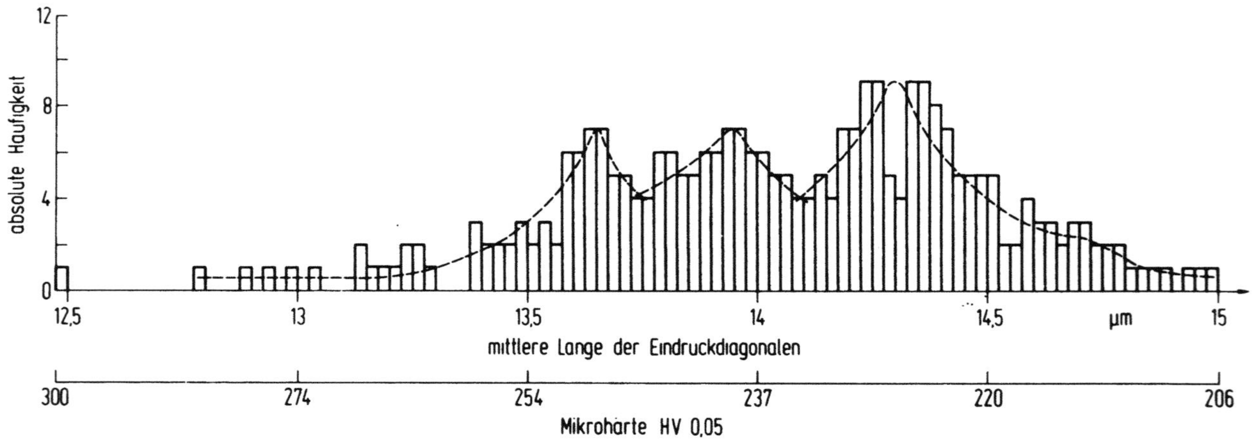

Bild 36: Häufigkeitsverteilung der Härte in der Scheibe III

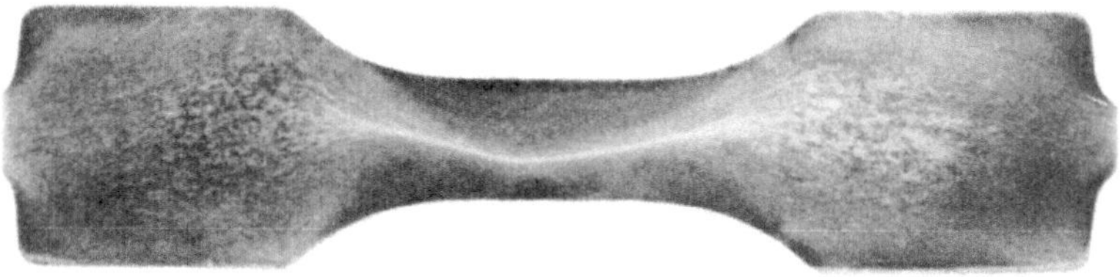

a)

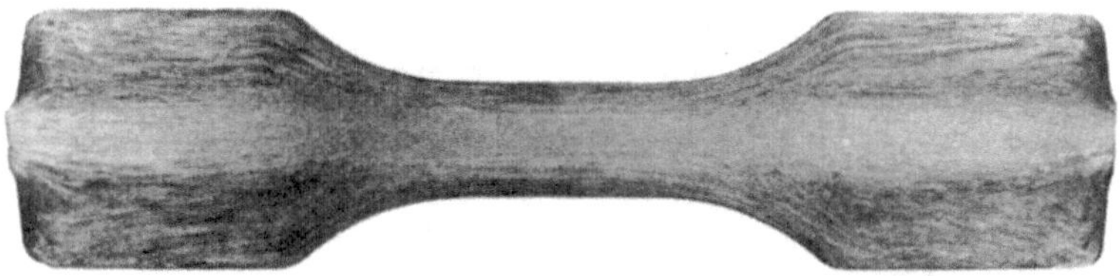

b)

Bild 37: Makrostruktur des Gesenkschmiedestückes im Querschnitt
a) Umformrichtung liegt in Probenlängsrichtung
b) Umformrichtung liegt quer zur Probenlängsrichtung

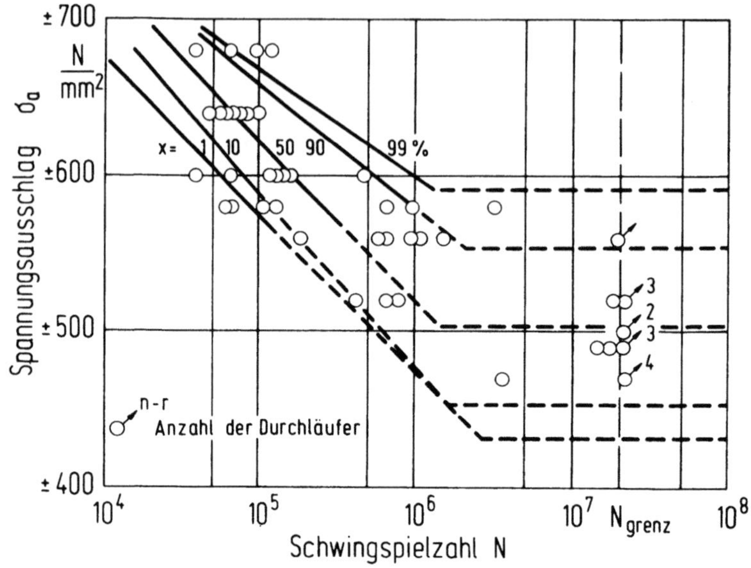

Bild 38: Ergebnisse der Zug-Druck-Wechselversuche an Normalproben des Gefügezustandes 1

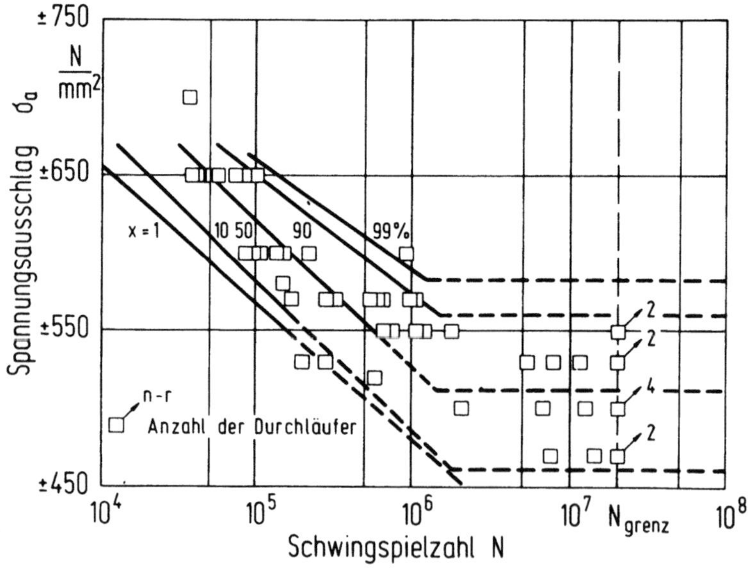

Bild 39: Ergebnisse der Zug-Druck-Wechselversuche an Normalproben des Gefügezustandes 3

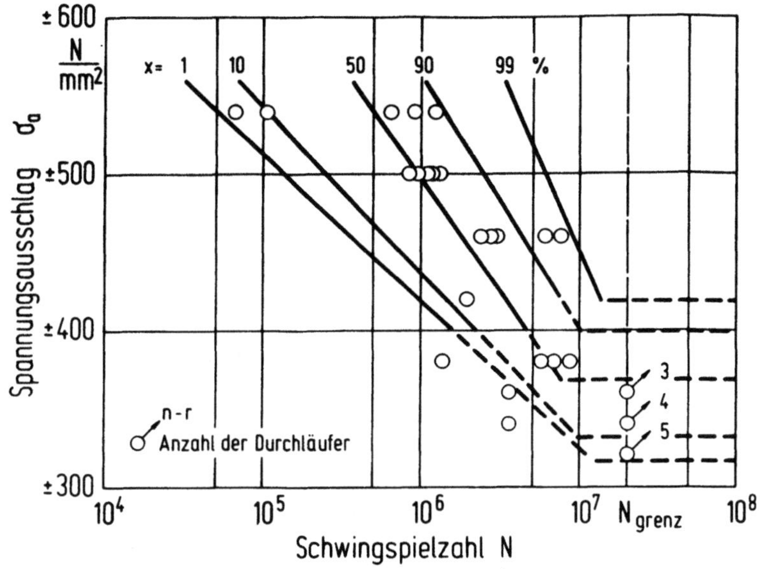

Bild 40: Ergebnisse der Zug-Druck-Wechselversuche an Normalproben des Gefügezustandes 5

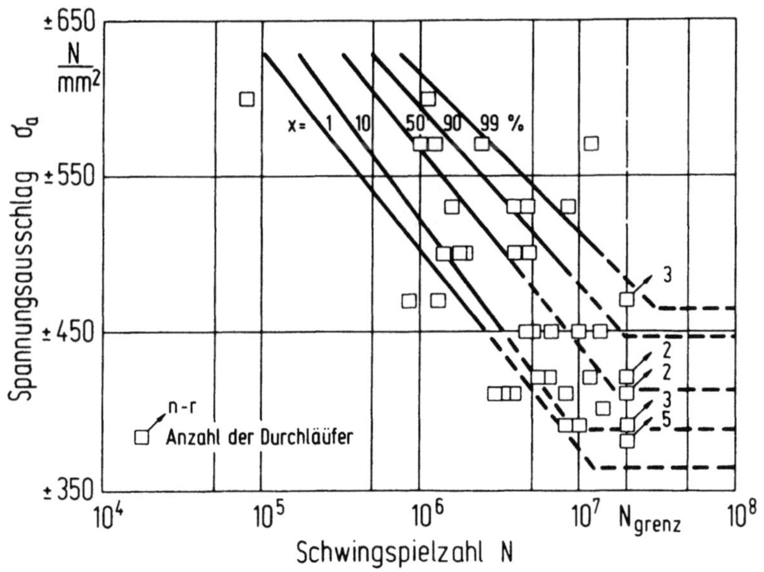

Bild 41: Ergebnisse der Zug-Druck-Wechselversuche an Normalproben des Gefügezustandes 6

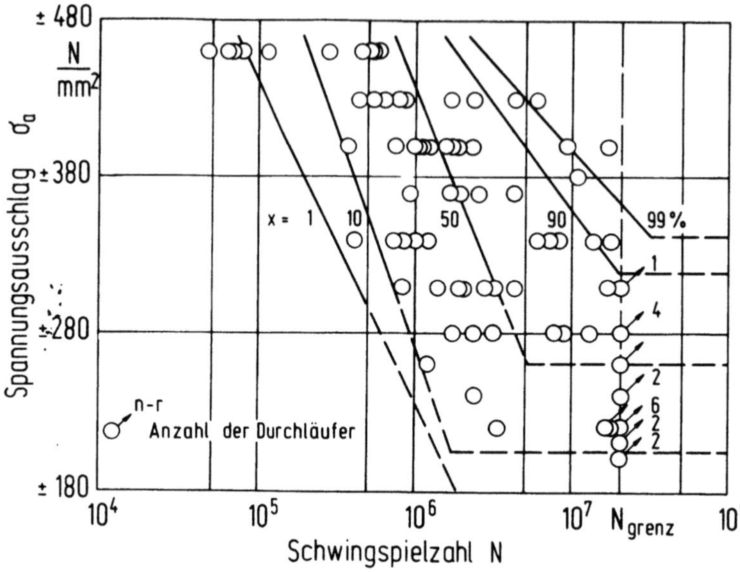

Bild 42: Ergebnisse der Zug-Druck-Wechselversuche an Kleinproben des Gefügezustandes 1

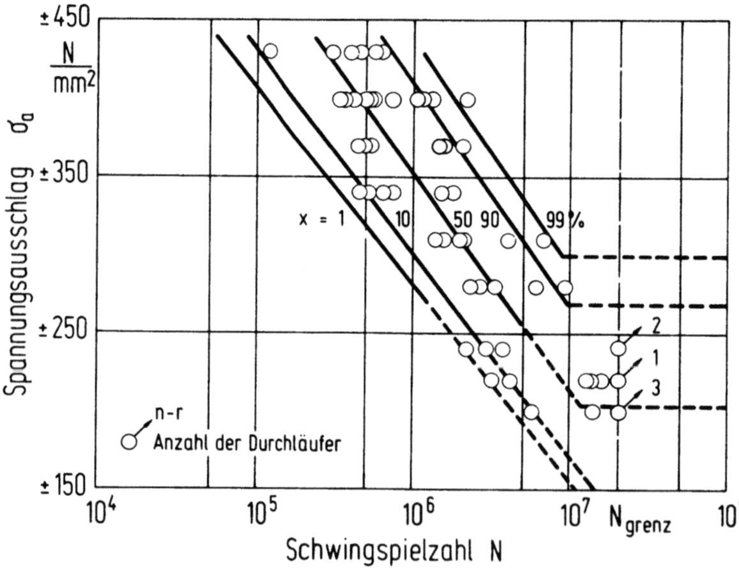

Bild 43: Ergebnisse der Zug-Druck-Wechselversuche an Kleinproben des Gefügezustandes 2

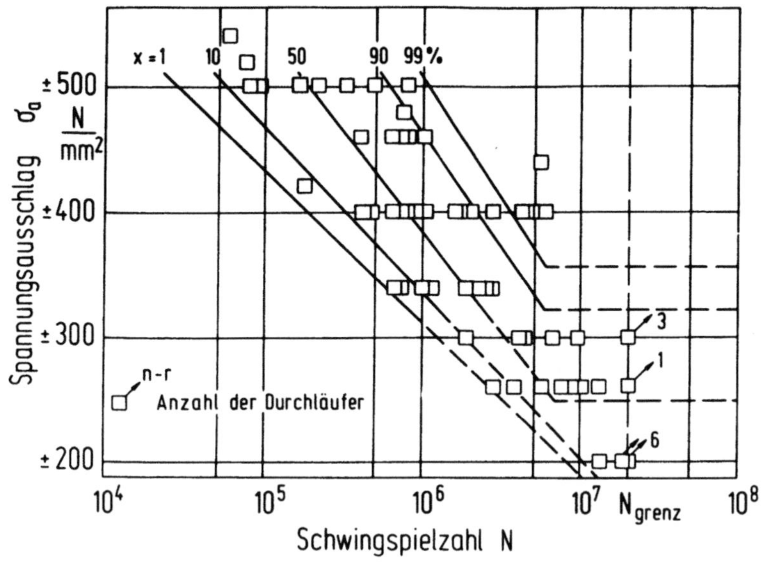

Bild 44: Ergebnisse der Zug-Druck-Wechselversuche an Kleinproben des Gefügezustandes 3

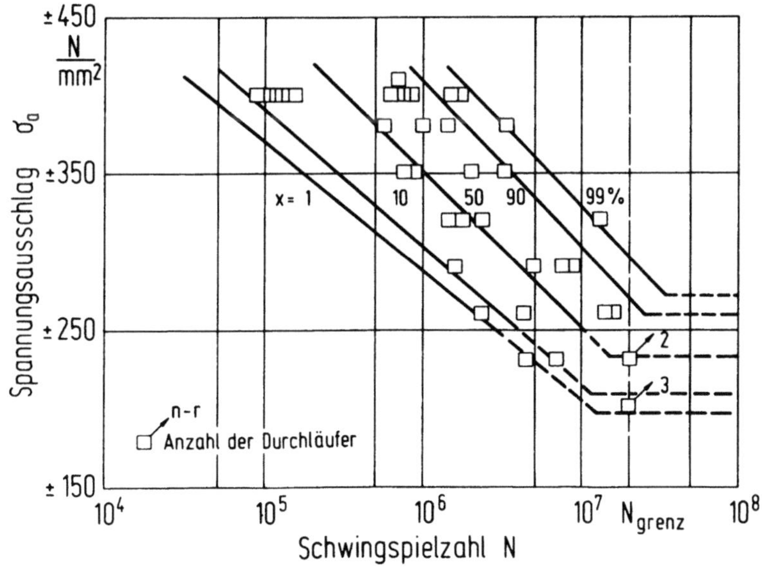

Bild 45: Ergebnisse der Zug-Druck-Wechselversuche an Kleinproben des Gefügezustandes 4

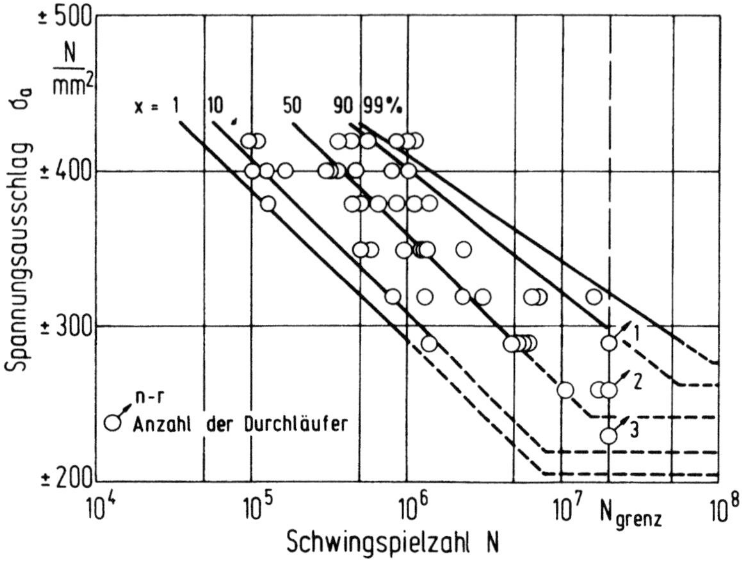

Bild 46: Ergebnisse der Zug-Druck-Wechselversuche an Kleinproben des Gefügezustandes 5

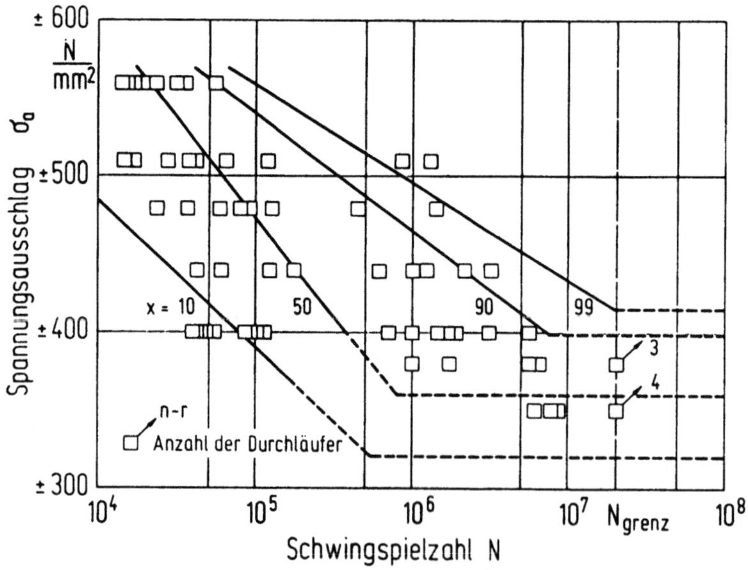

Bild 47: Ergebnisse der Zug-Druck-Wechselversuche an Kleinproben des Gefügezustandes 6

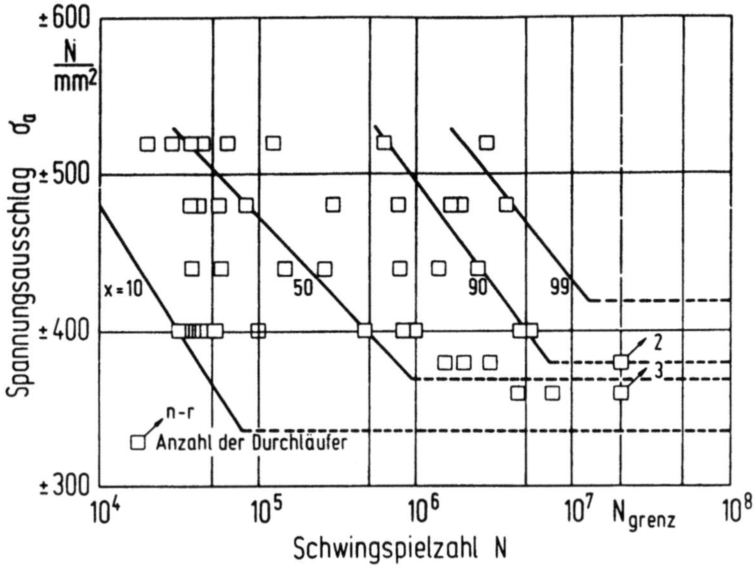

Bild 48: Ergebnisse der Zug-Druck-Wechselversuche an Kleinproben des Gefügezustandes 7

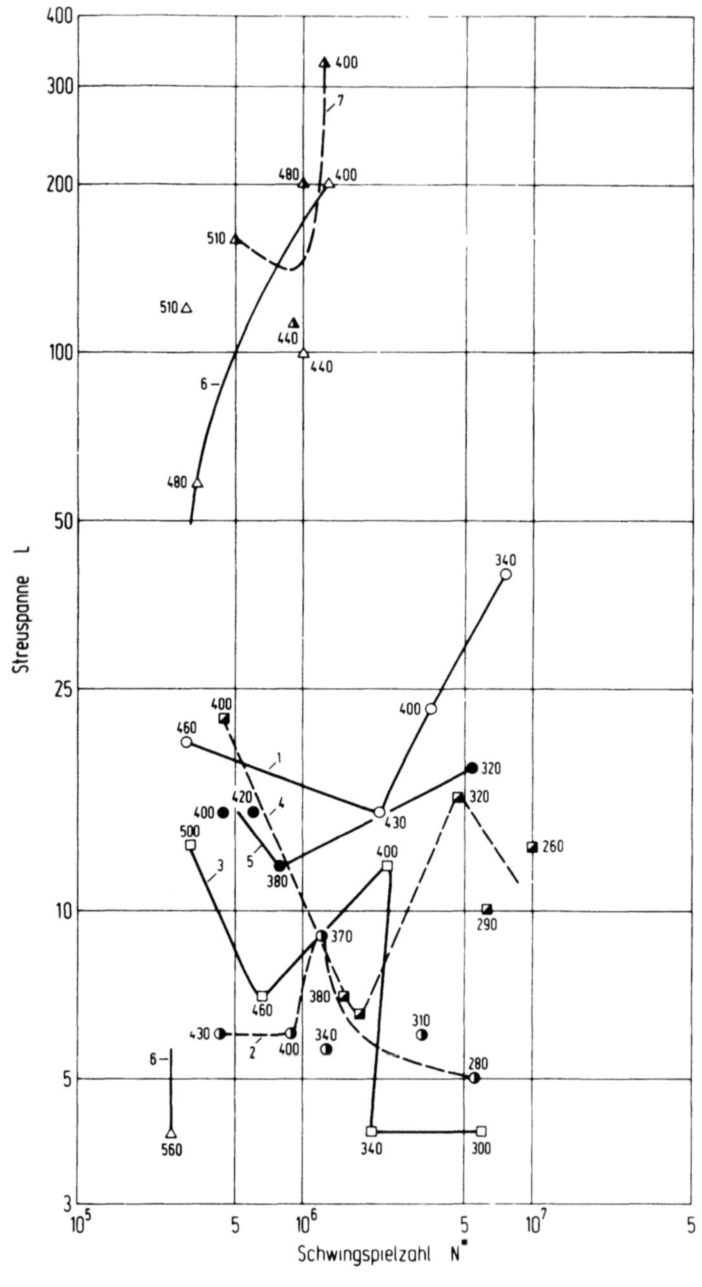

Bild 49: Zusammenhang zwischen Streuspanne und der mittleren Schwingspielzahl

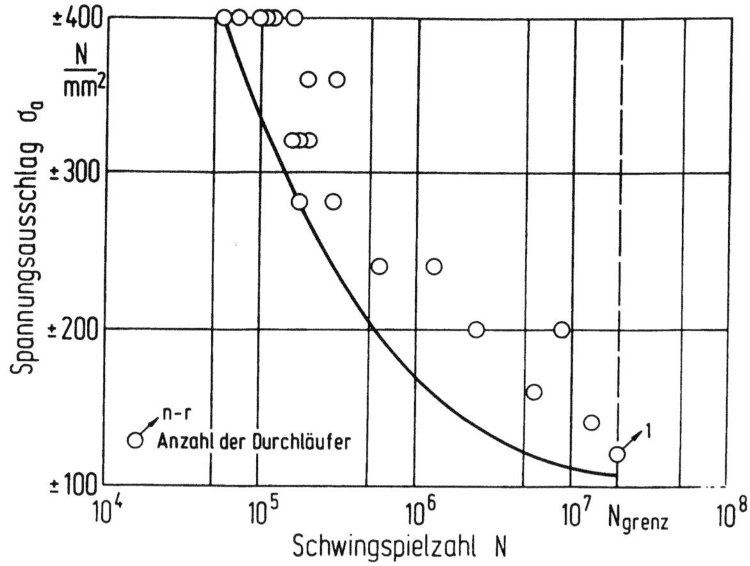

Bild 50: Ergebnisse der Zug-Druck-Wechselversuche an Kleinproben der Scheibe I

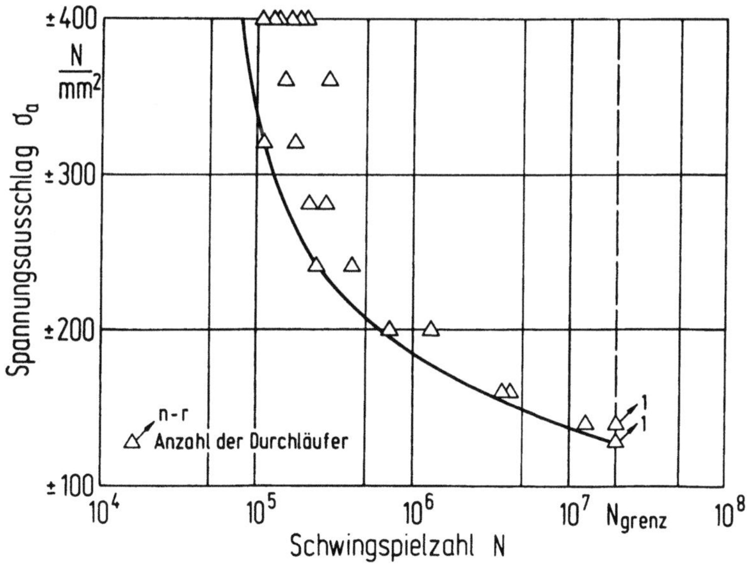

Bild 51: Ergebnisse der Zug-Druck-Wechselversuche an Kleinproben der Scheibe II

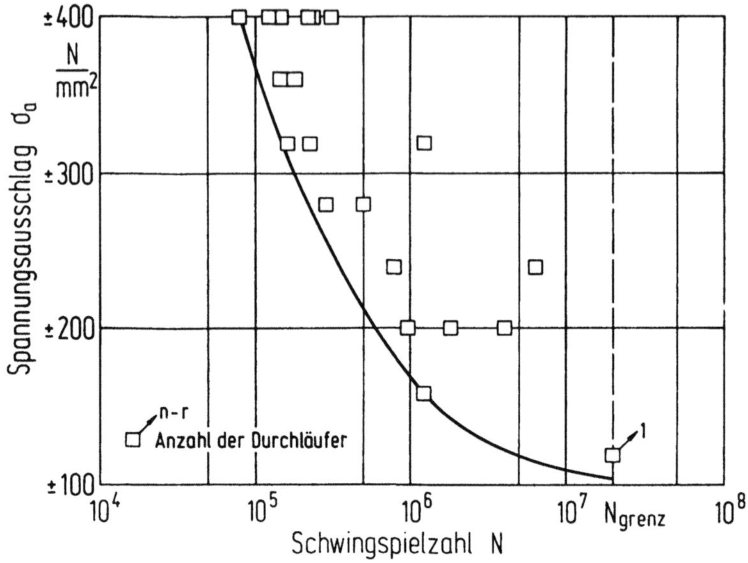

Bild 52: Ergebnisse der Zug-Druck-Wechselversuche an Kleinproben der Scheibe III

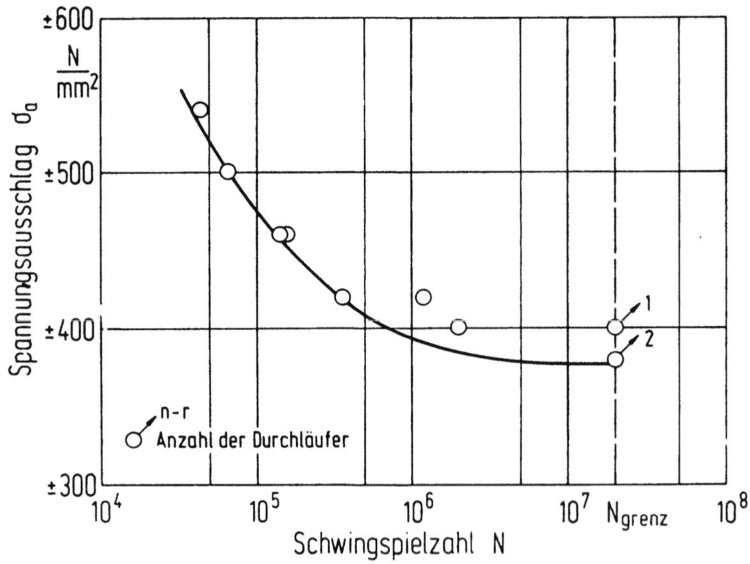

Bild 53: Ergebnisse der Zug-Druck-Wechselversuche an Normalproben der Scheibe I

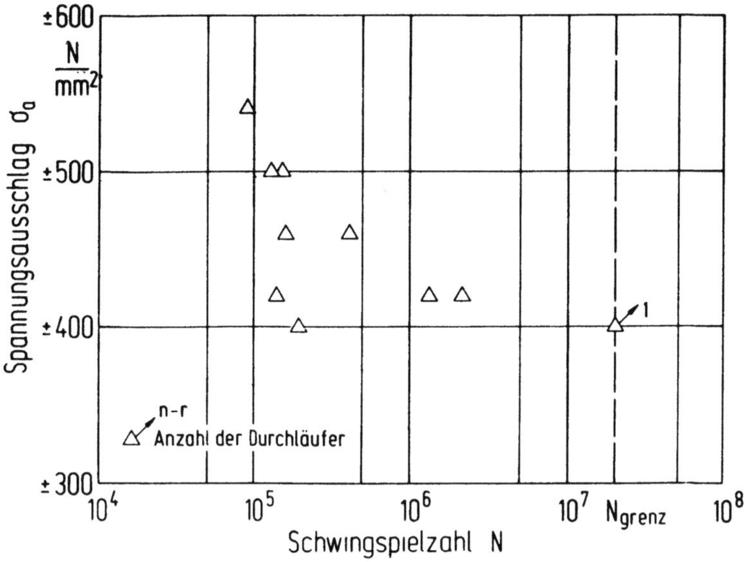

Bild 54: Ergebnisse der Zug-Druck-Wechselversuche an Normalproben der Scheibe II

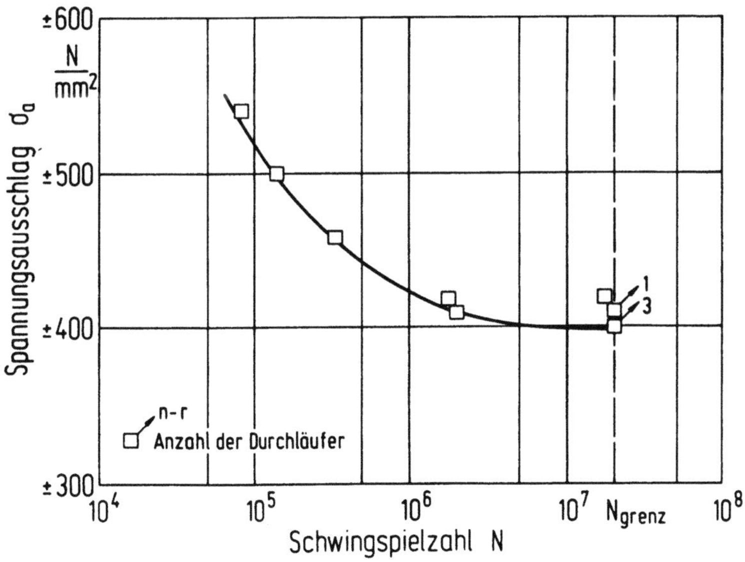

Bild 55: Ergebnisse der Zug-Druck-Wechselversuche an Normalproben der Scheibe III

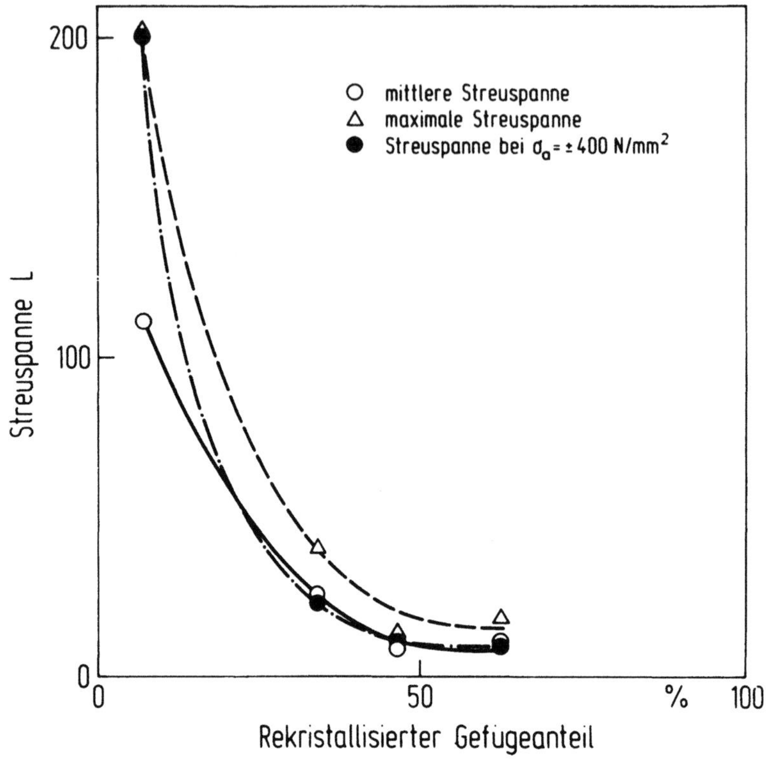

Bild 56: Zusammenhang zwischen Streuspanne L und dem rekristallisierten Gefügeanteil

FORSCHUNGSBERICHTE
des Landes Nordrhein-Westfalen

Herausgegeben
vom Minister für Wissenschaft und Forschung

Die „Forschungsberichte des Landes Nordrhein-Westfalen" sind in zwölf Fachgruppen gegliedert:

Geisteswissenschaften
Wirtschafts- und Sozialwissenschaften
Mathematik / Informatik
Physik / Chemie / Biologie
Medizin
Umwelt / Verkehr
Bau / Steine / Erden
Bergbau / Energie
Elektrotechnik / Optik
Maschinenbau / Verfahrenstechnik
Hüttenwesen / Werkstoffkunde
Textilforschung

WESTDEUTSCHER VERLAG
5090 Leverkusen 3 · Postfach 300 620

GPSR Compliance

The European Union's (EU) General Product Safety Regulation (GPSR) is a set of rules that requires consumer products to be safe and our obligations to ensure this.

If you have any concerns about our products, you can contact us on ProductSafety@springernature.com

In case Publisher is established outside the EU, the EU authorized representative is:

Springer Nature Customer Service Center GmbH
Europaplatz 3
69115 Heidelberg, Germany

Batch number: 10584556

Printed by Printforce, the Netherlands